Wolfgang Jendsch

FEUERWEHR FAHRZEUGE IN EUROPA

Weltbild Verlag

Genehmigte Lizenzausgabe für
Weltbild Verlag GmbH, Augsburg 1992

Einbandgestaltung: Peter Engel, München
Gesamtherstellung: Druckerei Haus GmbH, Erlensee
Printed in Germany
ISBN 3-89350-059-6

Inhalt

Vorwort

Ich persönlich freue mich immer wieder, wenn ein neues Buch erscheint und damit die Fachliteratur des Feuerwehrwesens bereichert.

Gerne bin ich deshalb bereit, das Vorwort zu diesem Buch „Feuerwehrfahrzeuge in Europa'' zu schreiben.

Dieses Werk will sowohl das Interesse des Fachmannes als auch des Laien auf die Vielfalt und Reichhaltigkeit der europäischen Feuerwehr-Einsatzfahrzeuge lenken, um somit den Beweis für den hochwertigen technischen Stand und die Einsatzfähigkeit der heutigen Feuerwehren zu erbringen.

Bedingt durch die Entwicklung unseres industriellen Zeitalters und der dadurch entstehenden Gefahren für Mensch und Umwelt über alle Grenzen Europas und der Welt hinweg, entstand bereits am Anfang dieses Jahrhunderts der internationale Zusammenschluß verantwortlicher Feuerwehroffiziere vieler Länder zum CTIF (Internationales technisches Komitee für vorbeugenden Brandschutz und Feuerlöschwesen).

Zweck und Ziel dieser Organisation war sowohl der gegenseitige Gedankenaustausch und die Zusammenarbeit auf dem Gebiet des Feuerwehr- und Rettungswesens als auch die Herstellung und die Pflege kameradschaftlicher Beziehungen zwischen den Feuerwehren aller Länder. Es bedurfte jahrelangen, unermüdlichen Wirkens dieser Vorkämpfer bis hin zur allgemeinen Erkenntnis unentbehrlicher Zusammenarbeit zwischen den Feuerwehren und Rettungsdiensten in Europa und in der Welt.

Gestärkt durch das Schuldbewußtsein der Völker nach den Weltkriegen entstand ein wachsender Drang nach mehr Verständnis unter den Menschen.

Es entwickelte sich ein erfreuliches Gefühl der Zusammengehörigkeit und der Solidarität, dessen Verwirklichung sich besonders bei Notlagen bekundet. Gegenseitige Hilfsabkommen zwischen benachbarten Ländern besiegelten nach und nach die einheitliche Sicht bei Hilfsaktionen innerhalb Europas.

Es war dies jedoch nur ein erster Schritt, denn die europäische Normung auf dem Gebiet des Brandschutzes, in Sonderheit auch der Brandschutzfahrzeuge, schreitet nur langsam voran.

Herkömmliche Gepflogenheiten, traditionsgebundene Einsatzmethoden, technische Widersprüche der nationalen Gesetzgebungen, aber auch materielle Betrachtungsweisen der Hersteller müssen überwunden und in langwierigen Diskussionen abgeklärt werden.

Bisweilen bezeugt die Vielfalt und die Unterschiedlichkeit der Feuerwehrfahrzeuge die landesgebundene Eigenart der Feuerwehren vieler Länder in Europa und in der Welt. Europäischer Gemeinschaftsgeist und notwendige Rationalisierung bei der Konzeption und der Herstellung von Feuerwehrfahrzeugen und -geräten werden in Zukunft unweigerlich deren Vereinheitlichung zur Folge haben.

Die Wirkungskraft der Feuerwehren wird dadurch bestimmt gefördert — jedoch wird sich später so mancher Liebhaber mit Sehnsucht an die Vielfältigkeit, ja auch an die optische Schönheit der Feuerwehrfahrzeuge vergangener Zeiten erinnern.

In diesem Sinne — und obwohl dieses Buch eher den neuzeitlichen Stand der landestypischen Fahrzeugtechnik schildert — wird es infolge der voraussehbaren Weiterentwicklung und der Notwendigkeit angepaßter technischer Neuerungen ein Zeuge unserer Zeit bleiben und ein interessantes Dokument für kommende Feuerwehrgenerationen sein.

Colonel Robert Dollinger
Strasbourg/Frankreich
Ehrenpräsident des CTIF

Brandeinsatz

Skandinavien

Finnland — Norwegen — Schweden — Dänemark

Beginnen wir unsere Vorstellung europäischer Feuerwehren und Feuerwehrfahrzeuge mit den Ländern, die am nördlichsten Ende Europas liegen, die — was den speziellen Feuerwehreinsatz angeht — wesentliche Besonderheiten aufweisen können, die gerade die Ausstattung mit Einsatzfahrzeugen prägen: riesige Wälder, oft unzugängliche Moore, tausende von großen und kleinen Seen, Gebirgsregionen und einen langen, harten Winter.

Auf diese und andere ländertypische Bedingungen haben sich die Feuerwehren Skandinaviens und die dort heimische Einsatzfahrzeug- und Aufbautenindustrie einzustellen — und sie tun es problemlos, wie die Fotoauswahl der einzelnen Länder beweist.

Zum Beispiel **Finnland:** über 5.000 Berufsfeuerwehrmänner, 12.000 Freiwillige und etwa 3.000 Werkfeuerwehrmänner stehen in dem ca. 336.000 Quadratkilometer großen Land zum Einsatz bereit. Ihre Ausbildung, Ausrüstung und Motorisierung haben einen hohen Standart erreicht, der der vielfältigen Aufgabenstellung finnischer Feuerwehren gerecht wird.

Ein Gesetz über die Brand- und Rettungsverwaltung vom Januar 1976 und dessen Aktualisierung regelt Aufgaben, Ausrüstung und Organisation des Brand- und Rettungswesens (Palolaitos) sowie des vorbeugenden Brandschutzes. Leistungen daraus können von Gemeinden und Städten mit den Feuerwehren vertraglich vereinbart werden — auch dann, wenn eine Stadt oder ein Unternehmen eine eigene, im wesentlichen selbst finanzierte Berufs- oder Werkfeuerwehr unterhält.

Zur Finanzierung der Brandschutz- und Rettungsaufgaben müssen finnische Gemeinden mindestens 1% ihrer Gesamtausgaben zur Verfügung stellen, während der finnische Staat sich mit 10—75% (je nach Leistungsfähigkeit der einzelnen Gemeinden) an den Ausgaben beteiligt.

Bei den über 50 Berufsfeuerwehren, den etwa 170 halbaktiven (halbamtlichen) Wehren und den ca. 870 Freiwilligen Feuerwehren Finnlands sowie den Werkswehren stehen ca. 3.000 Fahrzeuge zum Einsatz bereit.

Halbaktiv oder halbamtlich meint in diesem Zusammenhang die vertragliche Vorhaltung von Brandschutzpersonal, das als nicht hauptberuflich Angestellte im Rahmen bestimmter Zeiten und Aufgaben zur Verfügung stehen muß.

Dabei sind neben den allgemein bekannten Führungsfahrzeugen, Mannschafts- oder Gerätewagen vor allem die auf die Erfordernisse finnischen Brandschutzes abgestimmten leistungsstarken Löschfahrzeuge mit ihren zum großen Teil riesigen Vorbaupumpen von Interesse, die großen Tanklösch- und Löschwasserzubringerfahrzeuge, die in den kilometerlangen Wald- und Moorgebieten zum Einsatz kommen —, ferner die für Finnland typischen schweren Rüst- und Bergungsfahrzeuge und die Gelenksteiger („Skylifte'').

Finnland hat eine eigene, äußerst leistungsfähige Feuerwehrfahrzeugindustrie. Neben verschiedenen, internationalen Fahrgestellen oft älterer Baujahre — wie Dodge, Renault, Chevrolet oder US-Ford — und modernen Fabrikaten der Firmen Mercedes-Benz, Toyota oder Volkswagen stammen die Feuerwehr-Einsatzfahrzeugaufbauten des Landes in der Regel aus heimischer Produktion. Eriskoiskori, Bronto oder Telinekesku sind Herstellernamen, die bei der Produktion von Feuerwehrfahrzeugen aller Funktionsbereiche die Richtung angeben.

In **Norwegen** wurden erste Feuerschutzbestimmungen bereits in einem Gesetz von 1276 erwähnt, während der eigene Aufbau eines Löschwesens mit einem königlichen Erlaß aus dem Jahre 1767 begann. Technisch entwickelte sich das Feuerlöschwesen in Norwegen ab 1870: die Dampfspritze setzte sich durch und um die Jahrhundertwende wurden die ersten Drehleitern in Dienst gestellt. Jedoch erst nach 1920 konnten Feuerwehrfahrzeuge mit Benzinmotoren eingesetzt werden.

Die eigentliche Entwicklung des modernen Feuerlöschwesens setzte in Norwegen nach dem Zweiten Weltkrieg ein. Ende der 50er Jahre kommen neu entwickelte Tanklöschfahrzeuge zum Einsatz, die im Lande eine große Verbreitung erfahren. Dabei legt man — im Hinblick auf die regionalen Einsatzbedingungen — Wert auf motorstarke Fahrzeuge mit großem Löschwasservorrat, ausgerüstet mit leistungsstarken Hochdruckpumpen. Das heute typische Fahrzeug skandinavischer Feuerwehren, die Gelenkmastbühne (Snorkel), wird erstmals im Jahre 1953 bei der Berufsfeuerwehr Skien/Südnorwegen eingesetzt.

In Norwegen stehen ca. 2.300 Berufs- und über 15.000 Pflichtfeuerwehrmänner zur Verfügung; darüber hinaus ca. 1.500 Lösch-, Rüst- und sonstige Einsatzfahrzeuge. Alle Feuerwehren unterstehen dem Arbeits- und Gemeindeministerium, während eine eigene Brandschutzinspektion als Landesebene die praktische Überprüfung von Personal und Material vornimmt.

In Norwegen gibt es keinerlei Normung von Fahrzeugen der Feuerwehr. Wie auch in Finnland finden sich zahlreiche Fahrgestelle aus US-Produktion (z.B. Chevrolet, Ford, International), weitgehend mit Allradantrieb. Standardlösch-, Rettungs- und Bergungsfahrzeuge werden nicht selten von bundesdeutschen Herstellern (Metz, Ziegler, u.a.) bezogen.

FINNLAND

Rüst- und Hilfeleistungsfahrzeug (RW)
Beginnen wir die Auswahl finnischer Feuerwehrfahrzeuge ganz modern: hier ein „Emergency tender'' auf Scania 93 M, Baujahr 1988. Das 250 PS starke Fahrzeug ist mit allen feuerwehrtechnischen Geräten für den technischen Hilfeleistungseinsatz ausgerüstet. Ergänzt wird diese Ausrüstung durch einen heckseitig angebrachten Berge- und Ladekran. Fahrzeugaufbau durch die Firma Bronto-Saurus.

Einsatzleit- und Vorausrüstwagen (ELW/VRW) der FW. Teuro. Datsun-Patrol-Geländewagen als Führungsfahrzeug sowie als Vorausrüstwagen.

Einsatzleit- und Führungsfahrzeug (ELW/FÜF). Datsun-Limousine in serienmäßiger Farbgebung weinrot (dunkelrot)

Einsatzleitwagen (ELW) der FF. Kymi Kymmene. Pkw Volvo 340 DL in hellroter Farbgebung.

Einsatzleit- und Mannschaftsfahrzeug (ELW/MTW) der FF. Kautua. Dodge-Kombi in rot (RAL 3000) mit breiter weißer „Bauchbinde''.

Mannschaftsfahrzeug (MTW) der FF. Grankulla. Dodge-„Chevy-Van'' in einer Ausführung mit Hochdach

Mannschaftsfahrzeug (MTW) der FF. Nurmo. Moderner Dodge-Kleinbus 935 C für den Mannschaftstransport.

Mannschafts- und Gerätewagen (MTW/GW) der FF. Mellilä. Mercedes-Benz 508 D mit feuerwehrtechnischem Gerät für den Ersteinsatz.

Mannschaftsfahrzeug (MTW) der FF. Kuusamo. Mannschaftsbus vom Typ „Leopard'' mit ca. 40 Sitzplätzen

Hubrettungsfahrzeug (Skylift) der BF. Jyväskylä. Bronto-Skylift 330 auf Sisu-Fahrgestell (Jyry-Sisu): das in Leuchtrot (RAL 3024) lackierte Fahrzeug erreicht mit dem Rettungskorb eine maximale Arbeitshöhe von 31,5 Meter, dabei kann die Ausladung des Hubsteigers 18,5 Meter betragen.

Hilfeleistungs- und Hubrettungsfahrzeug (HLF) Scania 81 — eine interessante Kombination aus Hilfeleistungs-, Lösch- und Rettungsfahrzeug.

Rüstwagen-Kran (RW) der BF. Jyväskylä. Dieser Sisu in Tagesleuchtrot (RAL 3024) ist mit einem Effer-5t-Kran ausgerüstet.

Rüstwagen (RW-Kran). Volvo F 720 des finnischen Aufbauherstellers Eriskoiskori mit Coma-Hubsteiger für eine 2-Personen-Beladung (max. 300 kg).

Rüstwagen (RW 2). Mercedes-Benz 1219 mit Aufbau von Eriskoiskori/ Finnland — Ein Fahrzeug mit bundesdeutscher Normausstattung.

Tanklöschfahrzeug (TLF) der WF. Valmet/Jyväskylä. Typisches Löschfahrzeug mittlerer Größenordnung in Finnland: Fargo mit einer in Finnland obligatorischen, leistungsstarken Vorbaupumpe (Hochdruck) und einem in den Aufbau integrierten Mannschaftsraum.

Tanklöschfahrzeug (TLF). Modernes Tanklöschfahrzeug auf Scania 93 H, ausgerüstet mit 8.000-Liter-Löschwassertank und leistungsfähigem Werfer im Heckbereich des Aufbaus. Ausgestattet ist das Fahrzeug mit Hoch- und Normaldruckpumpe, gebaut wurde es im Jahre 1989.

Tanklöschfahrzeug (T-LF) der FF. Jämsä. Fast schon ein Oldtimer! Sisu-Löschfahrzeug (Kontiu-Sisu) aus den 70er Jahren mit 2.000-Liter-Löschwassertank.

So gilt zum Beispiel das deutsche Tanklöschfahrzeug (TLF 16) in Norwegen als Standart-Tanklöschfahrzeug bei mittleren und größeren Feuerwehren.

Nach aktueller Gesetzgebung sind norwegische Feuerwehren mit ihren Fahrzeugen und Ausrüstungen für den Brandschutz, die technische Hilfeleistung und den Umwelt-/Gefahrgutschutz zuständig. Dazu kommt der Vorbeugende Brandschutz. Eigenständige Löschzüge in staatlicher Regie bestehen auf den Flughäfen des Landes (4). Sie entsprechen den internationalen ICAO-Richtlinien. Der Rettungs- und Krankentransportdienst ist unterschiedlich organisiert, hier kommen Feuerwehren nur teilweise zum Einsatz.

Die Organisation der **schwedischen** Feuerwehren ist auf Gemeindeebene angelegt: über 1.300 Berufsfeuerwehr-Wachen beziehungsweise Wachen und Gerätehäuser freiwilliger Wehren sind im Land zu finden, dazu kommen ca. 800 Betriebs- und Werkfeuerwehren.

Die Einsatzbedingungen und damit die Einsatzfahrzeuge schwedischer Feuerwehren sind mit denen der anderen skandinavischen Staaten nahezu identisch: großvolumige Tank-Löschfahrzeuge, Löschwasser-Zubringerfahrzeuge mit oftmals weit über 10.000 Liter Fassungsvermögen und Rüstwagen bzw. Hilfeleistungsfahrzeuge mit leistungsfähigen Lösch- und Bergungsaggregaten bestimmen den Fahrzeugpark. Für Löschfahrzeuge sind in der Regel hochvolumige Normal- und Hochdruckpumpen vorgesehen — auch hier in skandinavisch-typischer Vorbauweise.

Durch die äußerst leistungsfähige Feuerwehrfahrzeug-Industrie Schwedens bzw. der anderen skandinavischen Länder findet man hauptsächlich Fahrzeuge auf Fahrgestellen von Volvo oder Scania. Die deutschen Firmen Metz oder Magirus — als Beispiel — sind jedoch nicht selten mit Drehleiterfahrzeugen vertreten, ebenso Mercedes-Benz mit Fahrgestellen für zahlreiche Sonderaufbauten.

Ein wenig „aus dem Rahmen'' Skandinaviens fällt das Feuerlöschwesen **Dänemarks.** Es unterliegt dem Brandgesetz von 1960 mit seinen späteren Änderungen und Nachträgen. Unterstellt ist das dänische Feuerlöschwesen dem Justizministerium.

Nach derzeit geltendem Gesetz muß jede Gemeinde eine Feuerwehr aufrechterhalten, die einen effektiven Lösch- und Rettungseinsatz leisten kann. Diese Verpflichtung ist in der Praxis erfüllt, wenn entweder eine eigene, kommunale Feuerwehr aufgestellt wird oder wenn ein entsprechender Vertrag mit einer feuerwehrtechnisch ausgerüsteten Nachbargemeinde, einer Freiwilligen Feuerwehr, einem Korps der Zivilverteidigung oder — und hier kommt die dänische Besonderheit im Feuerlöschwesen — mit einer privaten Rettungs- und Löschorganisation abgeschlossen wird.

Eine solche Privatorganisation stellt die Firma Falck & Zonen dar, die 1906 als Rettungskorps gegründet wurde. Die Organisation führt heute in ca. 250 Gemeinden und Städten und mit über 6.500 Mitarbeiter den Brandschutzdienst, den Rettungs- und Krankentransport sowie sonstige Hilfeleistungen technischer Art (z.B. Abschleppdienst, Pannenhilfe) durch. Dabei stellt Falck & Zonen keine Konkurrenz zu den dänischen Feuerwehren, sondern lediglich eine Ergänzung der Gesamtorganisation dar. Nicht unwichtig in diesem Zusammenhang, daß die Leitungsfunktion im Rahmen des regionalen Brandschutzes immer in der Hand der Gemeinde bzw. der Stadt verbleibt.

Aufgabe aller in Dänemark eingesetzter Organisationen ist die Brandbekämpfung, die Brandverhütung sowie der Einsatz bei Unfällen mit gefährlichen Stoffen für Umwelt und Wasser bzw. Grundwasser. Der Rettungs- und Ambulanzdienst unterliegt nur regional der Zuständigkeit von Feuerwehren.

Dänische Feuerwehr-Einsatzfahrzeuge sind im wesentlichen typisiert: Tanklöschfahrzeuge (TLF 16) sind auf Fahrgestellen von mindestens 9.000 kg aufgebaut, und mit einer kombinierten Hoch- und Niederdruckpumpe (1.600 l/min. bei 8 bar und 250 l/min. bei 40 bar) ausgerüstet. Der eingebaute Wassertank faßt in der Regel einen Löschwasservorat von 1.200 oder 2.400 Liter. Damit entspricht das Fahrzeug im wesentlichen dem deutschen TLF 16.

Das dänische Tanklöschfahrzeug TLF 8 ist im Prinzip dem TLF 16 ähnlich, aber eben kleiner in jeder Hinsicht.

Schlauchwagen sind auf Allradfahrgestellen von 1.100 kg aufgebaut und führen 500 Meter B- oder A-Schläuche mit, die während der Fahrt ausgelegt werden können. Zudem verfügt der SW über eine Vorbaupumpe sowie über eine Tragkraftspritze (VP 1.600 l/min., TS 8/8).

Tankwagen werden als Zubringerfahrzeuge für Löschwasser verwendet. Der Wasservorrat faßt zwischen 6.000 und 12.000 Liter. Ausgerüstet ist der Tankwagen mit einer eingebauten oder mobilen Umfüllpumpe.

Das letzte der dänischen Grundfahrzeugtypen ist die Drehleiter. Sie entspricht der DIN für DLK 23-12. In der Regel findet man in Dänemark Metz- oder Magirus-Leitern. — Der Standartlöschzug der dänischen Feuerwehr richtet sich nach der Einwohnerzahl des Zuständigkeitsbereiches bzw. des zu versorgenden Gebietes. In Dänemark gibt es zur Zeit ca. 330 Löschzüge (1988), die personell mit 1 Einsatzleiter, 1 Brandmeister und 7 Mann ausgestattet sind.

Was die Organisation dänischer Feuerwehren angeht, so finden sich dort nur wenige Berufsfeuerwehren mit ausschließlich vollzeitangestellten Mitarbeitern. Meist erfolgt eine Kombination von Voll- und Teilzeitangestellten. Bei einer großen Mehrheit der Feuerwehren sind ausschließlich teilzeitangestellte Mannschaften eingesetzt, in bestimmten Bereichen des Landes gibt es lediglich Freiwillige Feuerwehren.

Die Eingreifzeit der dänischen Wehren beträgt ca. 10 Minuten auf dem Lande.

Einige Angaben zur Farbgebung skandinavischer Feuerwehrfahrzeuge: die Grundfarbgebung der Einsatzfahrzeuge in den vorgenannten Staaten ist rot (RAL 3000). Finnlands Fahrzeuge fallen auf durch oftmals breite weiße Mittelstreifen und zum Teil übergroße Zahlenangaben. Neuerdings finden sich zunehmend Feuerwehrfahrzeuge mit leuchtroter Farbgebung (RAL 3024) dort.

Einsatzfahrzeuge norwegischer Feuerwehren sind im wesentlichen feuerrot, in Details gilt ähnliches wie in Finnland.

Die Fahrzeuge der schwedischen Feuerwehren fallen durch ihre weißen oder gelben Seitenstreifen auf rotem Grund auf. Zum Teil finden sich auf Stoßstangen und an den Aufbauecken Sicherheitsstreifen, ebenfalls in weiß oder gelb. Bei moderneren Fahrzeugen in Schweden findet sich eine gelbe Lackierung mit rotem Mittelstreifen.

Bei dänischen Fahrzeugen herrscht ebenfalls die rote Grundfarbe vor, aber nicht selten gibt es auch gelbe und weiße Fahrzeuge.

Tanklöschfahrzeug (T-LF). Kontiu-Sisu mit Aufbau von Kiitakari — interessant auch hier die für finnische Löschfahrzeuge typischen Vorbaupumpen mit einer Leistungsfähigkeit, die in der Regel zwischen 2.500 und 4.000 Liter pro Minute bei 10 bar liegt — abgestimmt auf die Einsatzbedingungen finnischer Feuerwehren im Überlandbereich sowie in Wald- und Moorgebieten.

Großtanklöschfahrzeug (GTLF). Modernes Löschfahrzeug auf Volvo N 1025, geeignet für den Überlandeinsatz aufgrund seines großen Löschwasservorrates (10.000-Liter-Tank) sowie für den Waldbrandeinsatz. Zur Beachtung des „moderne" Farbdesign! Der Aufbau stammt von der finnischen Eriskoiskori Oy.

Tanklöschfahrzeug (T-LF) der Staatlichen Feuerwehrschule Finnland. Das Fahrzeug auf Sisu-Fahrgestell und Eriskoiskori-Aufbau ist aufgrund seiner feuerwehrtechnischen Ausstattung mit einem Hilfeleistungslöschfahrzeug HLF 16 deutscher Prägung vergleichbar.

NORWEGEN

Vorausrüst- und Gerätewagen (VRW/GW) der BF. Oslo. Kombinationsfahrzeug mit unterschiedlichem Aufgabenbereich: das Fahrzeug vom Typ Dodge-Maxi-Van B-350 (Baujahr 1988) wird in Oslo einerseits als Atemschutz-Gerätefahrzeug eingesetzt, zum anderen als Taucherfahrzeug und für Wasserrettungs-Einsätze. Der Einsatz erfolgt in der Regel zusammen mit einer Drehleiter und einem Rüstwagen.

Kranwagen (KW) der BF. Oslo. KW 12 auf „International-Dreiachser" mit Austin-Western-410-P-Kran und 10t-Seilwinde. Der Fahrzeugmotor leistet 193 PS (Otto-Motor). Das 1965 gebaute Bergungsfahrzeug wurde im Jahre 1981 bei der Berufsfeuerwehr Oslo ausgemustert.

Drehleiter (DLK 30) der BF Oslo. Mercedes-Benz 1313 mit 30 Meter-Magirus-Leiter. Das 1974 gebaute Leiterfahrzeug ist ebenfalls als Standardfahrzeug in den Löschzügen norwegischer Berufsfeuerwehren vorgesehen.

Tanklöschfahrzeug (TLF 16/25) der BF. Oslo. Dieses Tanklöschfahrzeug auf Magirus-Deutz 192 gilt als Basisfahrzeug norwegischer Berufsfeuerwehren. Es ist nach deutscher DIN ausgerüstet.

Tanklöschfahrzeug (TLF) der FF. Nittedal. Allrad-Dodge mit 800-Liter-Löschwassertank und Vorbaupumpe Barton UA-50 für Normal- und Hochdruck (Normalpumpe 2.100 l/min. bei 8 bar, Hochdruckpumpe 230 l/min. bei 30 bar). Typisches Einsatzfahrzeug für die Freiwilligen Feuerwehren des Landes (210 PS, Baujahr 1979, Zusatzausrüstung Hilfeleistungssatz und zwei Pressluftatmer).

Tanklöschfahrzeug (TLF). Dodge-„Power-Ram" in ähnlicher Ausrüstung wie oben!

Vorausrüstwagen (VRW) der BF. Oslo. Eines der modernsten Rettungsfahrzeuge in Norwegen: 1989 als Vorausrüstwagen auf Chevrolet-Astro in Dienst gestellt. Das weißlackierte Fahrzeug mit der leuchtroten (RAL 3024) „Bauchbinde" ist mit technischen Geräten für den Hilfeleistungseinsatz ausgerüstet.

SCHWEDEN

Einsatzleit- und Kommandofahrzeug (ELW/KdoF) der BF. Stockholm
Schwedische Feuerwehrfahrzeuge gehören zu den modernsten Europas. Von daher dürfte es nicht einfach sein, auf wenigen Seiten eine Auswahl zu treffen, die einen interessanten und zugleich umfassenden Überblick über das Fahrzeugangebot gibt. Auf jeden Fall sollen die folgenden Fotos das Interesse von Fachleuten und Fahrzeugfreunden finden.
Hier zunächst ein Einsatzleitfahrzeug auf Chevrolet-Chassis. Das geländegängige Fahrzeug wurde 1986 in Dienst gestellt und ist sowohl mit Sprechfunk als auch mit Mobiltelefon ausgestattet.

Einsatzleit- und Vorausfahrzeug (ELW/VRW) der FW. Norrköping. Einsatzleitfahrzeug vom Typ „International'' mit Unfallhilfeausrüstung, die zugleich Einsätze als Vorausfahrzeug zuläßt. Im Hintergrund ein Krankentransport- und Rettungsfahrzeug der Feuerwehr Norrköping.

Einsatzleitwagen (ELW) der BF. Malmö
Volvo 244 „Personbil'' (schwed.) aus dem Jahre 1976

Tanklöschfahrzeug (TLF) der FF. Klagstorp. Typisches Tanklöschfahrzeug schwedischer Feuerwehren im ländlichen Bereich: das Fahrzeug ist ausgestattet mit 800-Liter-Löschwassertank und mit beachtlicher Hochdruck-Frontpumpenanlage.

Lösch- und Gerätewagen „Waldbrand'' der BF Stockholm. Mercedes-Benz-Unimog 1300 für den Geländeeinsatz. Das Fahrzeug aus dem Jahre 1977 ist mit Tragkraftspritze, Behelfstank und feuerwehrtechnischen Geräten für den Waldbrandeinsatz ausgerüstet. Es handelt sich um einen Serien-Lkw ohne Sonderaufbau.

Schlauchwagen (SW 1000) der BF Malmö. Fast wie bei der österreichischen Feuerwehr?! Ein „Pinzgauer'' (Steyr-Puch) aus dem Jahre 1984 dient als „Slongjeep'' (schwed.: Schlauchwagen; Eigenausbau), besonders geschätzt aufgrund seiner Geländegängigkeit.

Tanklöschfahrzeug (TLF) der BF. Malmö. Typisches Tanklöschfahrzeug der älteren Generation auf Volvo N 7: das 1978 in Schweden gebaute Feuerwehr-Einsatzfahrzeug ist mit 2.000-Liter-Löschwassertank, einem Schaummitteltank von 200 Litern Fassungsvermögen und mit einer 200-Liter-lightwater-Anlage ausgerüstet.
Die Einsatzfahrzeuge der BF Malmö (siehe auch folgende Fotos) wurden in der Regel von den schwedischen Aufbauherstellern Vellinge AB, Sala, Floda und Tollarpkaross gefertigt.

Tanklöschfahrzeug (TLF) der BF. Stockholm Ebenfalls ein für Stockholm bzw. für die schwedischen Feuerwehren typisches Tanklöschfahrzeug auf Volvo-Fahrgestell, diesmal jedoch in moderner Bauweise aus dem Jahre 1982. Das TLF ist ausgelegt für eine Besatzung von fünf Personen. Es führt einen 1.200-Liter-Löschwassertank sowie eine Feuerlöschpumpe mit 2.000 l/min. Leistung mit sich.

Tanklöschfahrzeug (TLF) der BF. Malmö Baujahr 1986 — und damit der Nachfolger der oben gezeigten Fahrzeuggeneration: Scania 92 M mit feuerwehrtechnischer Ausrüstung wie oben gennant.

Gelenkmast (GM) der BF. Stockholm. Scania-Hubrettungsfahrzeug mit 22-Meter-Skylift, Baujahr 1970

Drehleiter (DLK 30) der BF. Malmö. Drehleiterfahrzeug auf Volvo N 7-Fahrgestell, Baujahr 1980. Der 30-Meter-Leiterpark stammt von Magirus-Deutz aus der Bundesrepublik Deutschland.

Drehleiter (DLK 23-12) der BF. Stockholm. Modernes und zugleich für schwedische Feuerwehren typisches Drehleiterfahrzeug mit Magirus-Leiterpark auf Scania 82 M-Fahrgestell. Das Fahrzeug wurde 1982 gebaut. Die Leiter erreicht (DIN-Norm) eine Höhe von 30 Metern.

Schaumtanklöschfahrzeug (STLF) der BF. Stockholm. 1980 wurde dieses Sonderfahrzeug gebaut — Grundlage ist ein Scania-Chassis mit Aufbau der Firma Swede Fire AB (Tollarp). Das Fahrzeug ist mit einem 2.000-Liter-Löschwassertank ausgestattet, dazu mit 3.000 Liter Schaumlöschmittel, sowie mit einer entsprechenden Pumpenanlage mit Schaummonitor. Der Werfer hat eine Leistung von 800 l/min.

Großtanklöschfahrzeug (GTLF) der BF. Stockholm. Ebenfalls ein Sonderfahrzeug: Scania 81, Baujahr 1981. Das Fahrzeug ist ausgestattet mit einem 6.000-Liter-Löschwassertank sowie mit 300 Liter Schaummittel. Der Aufbau stammt von der Firma Sala Kaross.

Pumpenfahrzeug der BF. Stockholm. Großpumpenfahrzeuge sind in skandinavischen Ländern und vor allem bei den Großstadtfeuerwehren an der Küste und in Seehäfen nicht selten. Hier eine Großpumpe mit einer Leistung von 10.000 l/min. Der mitgeführte Löschschaumtank faßt 2.000 Liter. Bei dem Fahrzeug handelt es sich um ein älteres Volvo-Modell aus dem Jahre 1970, die Pumpen- und Tankanlage wurde 1984 von der Firma Sala Kaross (Schweden) aufgebaut.

Feuerlöschboot (FLB) der BF. Stockholm. Feuerlösch- und Rettungsboot aus dem Jahre 1985. Das 14 Meter lange Schiff mit Jet-Antrieb, zwei Volvo-Motoren und einer Leistung von 300 PS ist mit Feuerlöschpumpe, Tragkraftspritze und Material für den Öleinsatz ausgerüstet. Die Besatzung besteht aus drei Mann. Das Boot kann zudem als Rettungsboot eingesetzt werden. Hersteller des Bootes ist die schwedische Firma Gryt + Marin-Technik in Öregrund

Gerätewagen Atemschutz/Taucher (GW-A/T) der BF. Malmö
Intern wird das Fahrzeug als „GW-W-A/RW-W-A'' bezeichnet — ein ehemaliges Ambulance-Fahrzeug auf „Chevrolet-Chevy-Van'' aus dem Jahre 1979, jetzt mit Atemschutzgeräten und Tauchereinsatzausrüstung versehen.

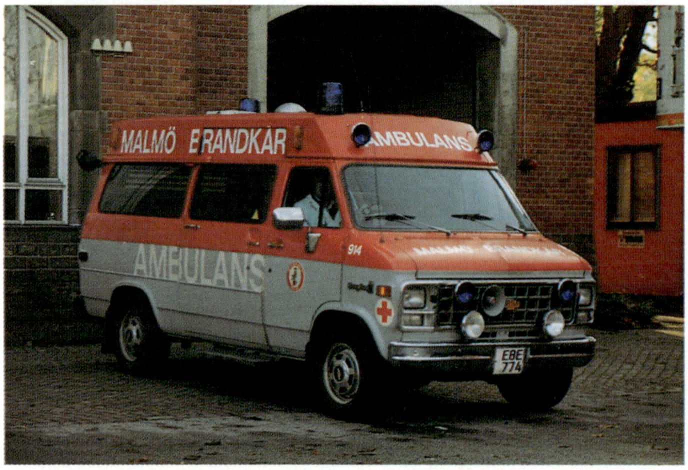

Rettungswagen (RTW) der BF. Malmö
Chevrolet-Chevy-Van (Baujahr 1981) — interessant sicherlich die Vierfach-Blaulichtanlage an der Fahrzeugfront, dazu Kommandolautsprecher und reguläre Dachblaulichter!

Kranwagen (KW 20) der BF Malmö
Noch einmal ein schwedisches Spezial- und Sonderfahrzeug! Hier ein auch bei bundesdeutschen Feuerwehren bekannter Kranwagen auf Magirus-Deutz-Eckhauber aus dem Jahre 1969 — das „Arbeitstier'' der Feuerwehren!

Gelenkmast (GM) der BF. Malmö
Außergewöhnlich und damit gerade für Fahrzeugfreunde sicherlich interessant ist dieser Gelenkmast in Gitterbauweise — eine Ausführung, die bei moderneren Fahrzeugen dieser Gruppierung nicht mehr üblich ist.
Der Gelenkmast ist aufgebaut auf „International-Cargostar 1810 A'' und erreicht eine Arbeitshöhe von 25 Metern („Hi-Ranger'' mit Arbeits- und Rettungskorb). Das Fahrzeug stammt aus dem Jahre 1970.

Großpumpe der BF. Malmö
Noch einmal eine „Storpump'' (schwed.: Großpumpe) als Sonderfahrzeug und als Einzelexemplar in dieser Ausführung: das Fahrzeug auf Magirus 110 D 11 FL (Baujahr 1968) dient der Wasserförderung bei Großbränden (z.B. Entnahme aus dem Hafenbecken!), die Pumpe hat eine Leistung von 16.000 l/min. und ist damit wahrscheinlich die größte und leistungsstärkste Pumpe in Schweden. Der Aufbau des Fahrzeugs wurde ebenfalls in Schweden vorgenommen.

Rüstwagen (RW-Kran) der BF. Stockholm
Volvo N 720 mit Hiab-Kran und einer Leistung von 10 Tonnen. Der Kran hat eine Ausladung von 10,7 Metern. Das 1981 gebaute Fahrzeug führt eine komplette feuerwehrtechnische Rüst- und Bergeausrüstung mit: Rettungsschere und -spreizer. Hebekissen, Flutlichtmast, u.a. (Aufbau: Sala/Hiab).

Gerätewagen (GW) „Brandsanierung'' der BF. Stockholm
Spezialfahrzeug auf Volvo F 6/10 mit feuerwehrtechnischer Beladung wie Entlüftungsgeräte, Beleuchtungsgeräte und einem eingebauten Generator mit 25 kW Leistung sowie einem transportablen Generator mit 10 kW Leistung. Das Fahrzeug wurde im Jahre 1984 von Sala Kaross gebaut.

Wechselaufbaufahrzeug (WAF) der BF. Stockholm
Das Fahrzeug aus dem Jahre 1979 repräsentiert die ältere Generation Stockholmer bzw. schwedischer Wechselaufbausysteme. Das Joab-Absetzsystem hat durch seine Konstruktion nur ein vergleichsweise geringes Aufnahmevolumen, vor allem in der Breite der aufzunehmenden Container und Wechselaufbauten.

Wechselaufbaufahrzeug (WAF) der BF. Stockholm
Im Vergleich zum vorgestellten Foto oben zeigt dieses Scania-WAF die neue moderne Generation dieser Feuerwehr-Einsatzfahrzeuge. Das Abrollsystem bietet sehr viel mehr Platz und Raum für Aufbauten. Das Fahrzeug wurde 1989 in Dienst gestellt.

Taucherfahrzeug der BF. Stockholm
Sechs Rettungstaucher kann dieser Mercedes-Benz 613 D-Gerätewagen aufnehmen, natürlich samt der notwendigen technischen Ausrüstung. Das 1984 erbaute Fahrzeug führt zudem ein auf dem Dach verlastetes Schlauchboot mit. Der Aufbau/Innenausbau des Fahrzeugs stammt von Sala Kaross.

Gerätewagen (GW) „Taucherdruckkammer'' der BF. Stockholm. Mercedes-Benz 608 D mit langem Radstand aus dem Jahre 1976. Das Fahrzeug führt eine mobile Taucherdruckkammer vom Typ „Draeger Duocom'' mit. Druckkammerfahrzeug und Taucherfahrzeug (siehe Foto) bilden eine Einsatzeinheit bei Wassernotfällen.

Gerätewagen (GW) „Gefahrgut/ Umweltschutz'' der BF. Stockholm
Mercedes-Benz 608 D, Baujahr 1977, mit Gerät und Material für den Gefahrgut-Einsatz bzw. den Einsatz mit gefährlichen Stoffen (Öl, u.a.). Mitgeführt werden Spezialpumpen, Auffanggeräte und -behälter, Dichtungssätze und Bindemittel. Den Aufbau die fertigte Firma Darnell & Sohn in Gärfälla.

Mannschaftstransportwagen (MTW) der BF. Malmö. Mit dem Foto eines Omnibusses auf Mercedes-Benz 613 D soll die Auswahl schwedischer Feuerwehr-Einsatzfahrzeuge enden. Das hier gezeigte Fahrzeug dient dem Transport von Personal zu Großveranstaltungen bzw. auswärtigen Einsätzen, weniger der Zuführung zu Notfalleinsätzen.
Es geht also auch um's Reisen — und damit kann auch die Reise angetreten werden zu den Feuerwehrfahrzeugen des Nachbarlandes Dänemark: auch hier wieder ein kurzer Überblick über „ganz normale", besondere und interessante Fahrzeugtypen!

DÄNEMARK

Einsatzleit- und Führungsfahrzeug (ELW/FÜF) der BF. Kogenhagen
Mercedes-Benz 250 D mit verlängertem Radstand: Führungsfahrzeug der Brandinspektion aus dem Jahre 1988, Blaulichtanlage der Firma Whelen.

Gerätewagen (GW-Öl/Schaum) der BF. Kopenhagen. Aus Dänemark nun eine Reihe interessanter, typischer und in Einzelfällen auch außergewöhnlicher Feuerwehr-Einsatzfahrzeuge der Kopenhagener Berufsfeuerwehr, von Flughafenfeuerwehren, der Falck-Rettungsorganisation und der dänischen Militärfeuerwehr: beginnend mit einem Gerätewagen auf Mercedes-Benz 608 D aus dem Jahre 1975, vorgesehen für den Transport von zusätzlich an den Einsatzstellen benötigten Ölbindemitteln und Schaumlöschmitteln.

Gerätewagen/Mannschaftstransportwagen (GW-A/MTW) der BF. Kopenhagen. Gerätewagen-Atemschutz als Sonderfahrzeug der Berufsfeuerwehr mit Draeger-Trawox-Atemschutzgeräten. Der Mercedes-Benz O 309 (Busversion) wird auch als Mannschaftsfahrzeug genutzt.

Drehleiter (DLK 23-12 n.B.) der BF Kopenhagen. Hier ein modernes Niederbau-Fahrzeug der Firma Iveco-Magirus (Typ 256 M2) aus dem Jahre 1981.

Drehleiter (DLK 30) der BF. Kopenhagen. Magirus-Deutz-Frontlenker aus dem Jahre 1982.

Tanklöschfahrzeug/Leiter (TLF) der BF. Kopenhagen. Mercedes-Benz 1113, Baujahr 1972, mit „Moll & Weimann''-Abprotzleiter: 600-Litertank.

Trockentanklöschfahrzeug (TroTLF) der BF. Kopenhagen. 1.200 Liter Löschwasser und 80 Liter Schaummittel.

Rüst- und Gerätewagen (RW/GW) der BF. Kopenhagen. „Pionierfahrzeug'' für den Unfalleinsatz (Verkehrsunfälle, Wasser- und Eisrettung)

Rüst- und Gerätewagen (RW/GW-VU/Licht) der BF. Kopenhagen. Modernere Ausführung des nebenstehenden Fahrzeugs: Baujahr 1983

Tanklöschfahrzeug (TLF) der BF. Kopenhagen. Mal zur Abwechslung ein Feuerwehr-Einsatzfahrzeug in Gelb: Tanklöschfahrzeug auf Mercedes-Benz 914 aus dem Jahre 1986, ausgerüstet mit 1.200-Liter-Löschwassertank sowie mit 80 Litern Schaummittel. Der Mannschaftsraum ist auch hier in den Aufbau integriert und mit dem Fahrerhaus durch eine Gummimanschette verbunden. Der Aufbau des Fahrzeugs stammt von der Firma Ruhberg.

Kranwagen (KW 10) der BF. Kopenhagen
Feuerwehr-Kran- und Abschleppwagen mit einer Kranleistung von 10 Tonnen. Es handelt sich hier um einen Mercedes-Benz 2226 mit Falck-Schmidt-Krananlage. Das Fahrzeug wurde 1976 gebaut und im Jahre 1988 umgebaut und modernisiert. Es ist zudem mit einer 5-Tonnen-Frontseilwinde und einer 10-Tonnen-Heckseilwinde (Firma Rotzler, Bundesrepublik Deutschland) ausgerüstet.

Flugfeldlöschfahrzeug (FLF) der FlhF. Kopenhagen-Kastrup.
Nun einige Beispiele von Flughafen-Löschfahrzeugen, die in Dänemark gelb lackiert und mit einem roten, umlaufenden Streifen versehen sind: hier ein Volvo F 1227 aus dem Jahre 1980 mit Fjeldhus-Aufbau. Dieser dänische „Skumtender 3'' ist mit 9.000-Liter-Löschwassertank und einem 1.000-Liter-Schaummitteltank ausgerüstet.

Flugfeldlöschfahrzeug (FLF) der FlhF. Kopenhagen-Kastrup.
„Skumtender 1'' auf Volvo F 89 aus dem Jahre 1973: das FLF ist löschtechnisch gleich ausgestattet wie das vorstehende Fahrzeug.

Sonder-Rüstwagen (RW-KatS) der FlhF. Kopenhagen-Kastrup
Als Prototyp für die dänische Airforce gilt der „Katastropenwogn'', ein Sonder-Rüstwagen auf Volvo N 1025 aus dem Jahre 1975. Das Fahrzeug ist ausgerüstet mit 2.500-Liter-Löschwassertank, 160 kg CO_2, 2x 250 kg Pulverlöschmittel — ferner mit einem elektrischen Generator und einem Druckluftkompressor.

Notarzteinsatzfahrzeug (NEF) der BF. Kopenhagen Auf dieser Seite einige Fahrzeuge des Kopenhagener Krankentransport- und Rettungsdienstes, der von der Berufsfeuerwehr durchgeführt wird: hier ein Notarzteinsatzfahrzeug vom Typ Ford-Scorpio 2.0 aus dem Jahre 1986.

Notarzteinsatzfahrzeug (NEF) der BF. Kopenhagen Ein weiteres Fahrzeug mit gleicher Funktion wie vorstehend auf Mercedes-Benz 250 D, Baujahr 1987.

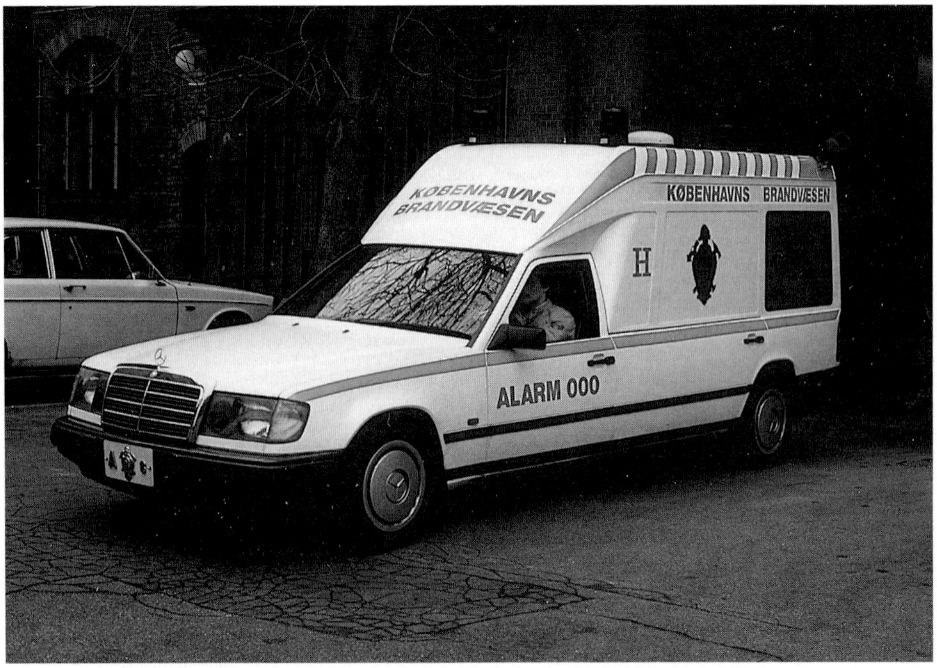

Krankentransport- und Rettungswagen (KTW/RTW) der BF. Kopenhagen
Hier ein als „Akutambulance" bezeichnetes Rettungsfahrzeug auf Mercedes-Benz 250 mit einer Ausstattung der bundesdeutschen Firma Binz.
Alle hier gezeigten Fahrzeuge sind reinweiß lackiert und weisen eine Beschriftung in leuchtrot (RAL 3024) auf.

Schlauchwagen (SW) Falck/Dänemark, Greve. Schlauchwagen mit Vorbaupumpe (Ruberg 16/8) auf Toyota-Landcruiser.

Hilfeleistungs-Löschfahrzeug (HLF) Falck/Dänemark, Esbjerg. Modernes Rettungs- und Löschfahrzeug auf Volvo N 10 mit Eigenaufbau.

Berge- und Abschleppfahrzeug, Falck/Dänemark. Bergen und Abschleppen gehört zu den erklärten Aufgaben der Falck-Organisation: hier ein schweres Bergefahrzeug auf Scania 111.

Kleinlöschfahrzeug (KLF) Falck/Dänemark. MAN/VW 9150 — vorgestellt auf der Interschutz '88 in Hannover!

Vorausrüstwagen (VRW) Falck/Dänemark Vorausrüstwagen Toyota-Landcruiser zur Schnellrettung und Bergung bei Verkehrsunfällen.

Tanklöschfahrzeug (TLF 16/8) Falck/Dänemark. Typisches Stadt-Tanklöschfahrzeug mit 2.600-Liter-Löschwassertank auf MAN 11-168.

Großtanklöschfahrzeug (GTLF) Falck/Dänemark. 12.000 Liter Löschwasser faßt dieses Großtanklöschfahrzeug auf Scania 86, Baujahr 1978. Es dient vor allem als Wasserzubringer.

Flugfeldlöschfahrzeug (FLF), Dänische Luftwaffe. Anschließend drei Beispiele für Feuerwehr-Einsatzfahrzeuge des Dänischen Fire & Rescue Service der Luftwaffe (Militärfeuerwehr): hier zunächst ein „Crashtender'' (FLF 8.000) auf Mercedes-Benz 2632 AK 32 mit Rosenbauer-Aufbau — gebaut im Jahre 1975 und ausgerüstet mit 8.000-Liter-Löschwassertank sowie mit 800 Liter Schaummittel.

Tanklösch- und Gerätefahrzeug (F-TLF/GW), Dänische Luftwaffe. Kombiniertes Tanklösch- und Geräte-Sonderfahrzeug für den Hilfeleistungseinsatz auf Militärflughäfen: Magirus-Deutz 170 aus dem Jahre 1970 mit 3.800-Liter-Löschwassertank und 800 Litern Schaummittel.

Flugfeld-Rettungs- und Krankentransportfahrzeug (F-RTW/RW) Dänische Luftwaffe. Ein Spezialfahrzeug für den Ersteinsatz bei Flugzeugbränden und Unfällen mit Luftfahrzeugen: Mercedes-Benz-Unimog S 404 L als Rüstwagen/Vorausrüstwagen mit Bergewerkzeug und einer Halon-Löschanlage sowie für den Einsatz als Rettungs- und Krankentransportfahrzeug — die Krankentrage wird quer durch die Seitentür eingeschoben!

Brandeinsatz der niederländischen Feuerwehr

Benelux

Belgien — Niederlande — Luxemburg

Be-Ne-Lux — die landläufige Kurzbezeichnung für die drei Staaten im nordwestlichen Europa, genauer gesagt zwei Länder und ein Herzogtum! Die Niederlande und Belgien haben das kleine Luxemburg ein wenig „unter ihre Fittiche" genommen, eher räumlich gesehen, denn seine Eigenständigkeit, seine Tradition und sein Eigenleben hat Luxemburg absolut nicht aufgegeben.

Was Sprache, Lebensstil und Eigenarten angeht, so unterliegt **Belgien** eher ein wenig dem Einfluß seines Nachbarn Frankreich während die Niederlande eher zum Norden Europas beziehungsweise zur Bundesrepublik Deutschland tendiert.

Diese sicherlich etwas „oberflächliche" Charakterisierung, die den genannten Staaten natürlich nicht gerecht werden kann, gilt — mit den gleichen Einschränkungen — aber auch für den Brandschutzbereich und für die Entwicklung der Feuerwehr-Einsatzfahrzeuge.

Es war, wie so oft, ein verheerender Großbrand, der die belgische Hauptstadt Brüssel in Schutt und Asche legte und der den Anstoß gab zur Entwicklung eines innerstaatlichen Brandschutzes. So wurde im Jahre 1800 das erste Löschcorps Belgiens gegründet. Etwa 70 Jahre später nahm die Entwicklung von Löschfahrzeugen in Form der ersten Dampfspritzen ihren Anfang.

Heute gilt der Brandschutz in Belgien als technisch modern, nachdem 1963 eine Neuorganisierung im ganzen Land erhebliche Verbesserungen in der personellen und technischen Ausstattung brachte.

In Belgien gibt es neben den Berufsfeuerwehren in den Großstädten (z.B. Brüssel, Antwerpen, Lüttich, Gent) Freiwillige Feuerwehren sowie gemischte Wehren, in denen sowohl freiwilliges als auch hauptamtliches Personal zusammenarbeitet. Die militärischen Funktionsbezeichnungen und Titel der Feuerwehrmänner erinnern noch an die Situation im Zweiten Weltkrieg: Korporale, Sergeanten oder Adjutanten trifft man auf den Feuerwachen, die jedoch heute nicht mehr für polizeiliche Sicherheit und Ordnung zu sorgen haben.

Die damals aufgestellten Stützpunktwehren wurden in die drei Kathegorien X, Y und Z eingeteilt. Darüber hinaus gibt es die sogenannten C-Wehren, die seitens des belgischen Staates keine nennenswerten finanziellen Mittel für ihre technische und fahrzeugmäßige Ausstattung erhalten. Anders die X-, Y- und Z-Wehren: sie unterstehen den Bürgermeistern der Städte und Gemeinden und erhalten die notwendigen finanziellen Mittel sowohl vom Staat als auch über die Verwaltung. Mit bis zu 75% der Gesamtkosten bezuschußt der Staat die technische Ausrüstung der Wehren, bis zu 60% sind für notwendige bauliche Maßnahmen möglich.

Ein wichtiger Unterschied zu den Verhältnissen in der Bundesrepublik Deutschland ist die Tatsache, daß der Übungs- und Einsatzdienst der belgischen Feuerwehrangehörigen vom Brandschutzträger bezahlt wird.

Durch die staatliche Finanzierung erfolgt eine wesentliche Vereinheitlichung der Ausstattung und zugleich eine erhebliche Vergrößerung der Fahrzeugparks. Die Stützpunktwehren erhalten vor allem Einsatzfahrzeuge aus zentralen Beschaffungsaktionen, ergänzt durch Fahrzeugbeschaffungen des belgischen Zivilschutzes.

Im Wesentlichen werden die Baurichtlinien für belgische Feuerwehrfahrzeuge durch das Innenministerium erlassen. Belgien selbst hat eine eigene Brandschutzfahrzeug-Industrie, die jedoch vorwiegend in Kooperation mit deutschen, österreichischen und französischen Aufbauherstellern arbeitet. So stammen beispielsweise die meisten Pumpen aus Österreich: die Firma Rosenbauer mit ihrer belgischen Niederlassung liefert Hochdruckpumpen mit einer Leistung bis zu 45 atü. So sind beispielsweise alle belgischen Tanklöschfahrzeuge mit festeingebauten Hoch- und Niederdruckpumpen ausgestattet, dazu mit ein oder zwei Schnelleinsatzsystemen, die mit 60-Meter-Schläuchen versehen sind.

Eine der bekanntesten Fahrzeugfirmen in Belgien ist sicher Latil, heute zudem die vorgenannte Firma Rosenbauer/Belgium (früher Landuyt). Dazu werden Einsatzfahrzeuge zahlreicher Firmen aus dem Ausland importiert: Drehleiterfahrzeuge von Metz, Magirus oder Riffaud, Sonderfahrzeuge oder -Aufbauten von Bachert, Ziegler, Metz, Rosenbauer oder französischer Aufbaufirmen. Genutzt werden Fahrgestelle von Mercedes-Benz, Dodge, Renault oder Fiat. In der Vergangenheit wurden nicht selten US-Chassis für den Feuerwehrfahrzeugbau verwendet.

Belgische Feuerwehrfahrzeuge erhalten einheitlich die Farbe rot (RAL 3000) oder tagesleuchtrot (RAL 3024) — nicht selten mit breiten, weißen Mittelstreifen oder Querbalken verse-

Drehleiter (DL 12) der FF. Charleroi
Eine historische Einstimmung auf die Feuerwehr-Einsatzfahrzeuge aus Belgien: aus dem Jahre 1937 stammt diese DL 12. Urspünglich war das Fahrzeug in der Gemeinde Herstal bei Lüttich im Einsatz, später wurde es durch die FF. Charleroi restauriert.

Drehleiter (DL 30) der WF. BASF Antwerpen. Ein sehr interessantes Drehleiterfahrzeug, die hier nicht vorenthalten werden soll. Die DL 30 (Korb) wurde von der bundesdeutschen Firma Metz, Karlsruhe, an die BASF-Werksfeuerwehr ausgeliefert.

Drehleiter (DL 44) der BF. Brüssel. Metz-Leiter auf Mercedes-Benz 1924, im Juli 1971 an die Berufsfeuerwehr der belgischen Hauptstadt ausgeliefert.

Hilfeleistungsfahrzeug/Vorausrüstwagen (VRW) der FF. Sint Truiden
Ein Fahrzeug für den schnellen Ersteinsatz bei Verkehrsunfällen. Dieser Fahrzeugtyp, von dem es in Belgien etwa 20 Exemplare gibt, wurde den Feuerwehren vom Innenministerium des Landes zur Verfügung gestellt. Es handelt sich um einen Mercedes-Benz 309 D mit feuerwehrtechnischer Hilfeleistungs-Ausstattung wie Rettungsschere, Hebekissen, Spreizer und Lichtmast (auf sechs Meter ausfahrbar, 2 x 1000 Watt).

Rüstwagen (RW) der BF. Brüssel
Dodge-WCA-Rüstwagen aus dem Jahre 1971, vorgesehen für technische Notfalleinsätze. Das Fahrzeug ist zusätzlich mit einem Schlauchboot zur Wasserrettung ausgestattet.

Rüstwagen (RW) der BF. Brüssel
Ebenfalls ein Dodge-Rüstwagen mit vergleichbarer Ausstattung wie der deutsche RW 2. Baujahr der Fahrzeuges 1975, Ausstattung mit Vorbauseilwinde, der Aufbau stammt von der österreichischen Firma Rosenbauer (Produktion über Rosenbauer-Belgium).

Rüstwagen (RW) der BF. Brüssel
Hier ein Rüstwagen modernster Bauart und Ausrüstung auf Renault-Turbo mit Aufbau der Firma Rosenbauer; Baujahr 1987. An diese Stelle der Hinweis, daß in Belgien zunehmend Feuerwehr-Einsatzfahrzeuge französischer Hersteller zum Einsatz kommen.

Löschfahrzeug (LF) der FF. Bilzen. Gewaltig und interessant: Ford-Löschfahrzeug aus dem Jahre 1955! Aufbauhersteller ist die belgische Firma Westerlain/Brüssel. Das Fahrzeug ist voll einsatzbereit — 1988 nahm es an der Internationalen Feuerwehr-Sternfahrt nach Bischofshofen/Österreich teil.

Tanklöschfahrzeug (T-LF) der FF. Namur. Halbschwere belgische Autopumpe (Tank-/Löschfahrzeug) vom Typ International Loadstar 1600.

Tanklöschfahrzeug (TLF) der WF. MHO/Olen. Westerlain-Pumpen (Typ C), 1.500 l/min. bei 7 bar sowie 300 l/min. bei 40 bar. 2x500 Liter Wasser.

Tank-Löschfahrzeug (T-LF) der BF. Brüssel. Ebenfalls eine „Autopumpe" vom Typ International mit Westerlain-Aufbau und -ausstattung.

Tanklöschfahrzeug (TLF) der FF. Wetteren. Ebenfalls aus den 60er Jahren stammt diese De Soto-Autopumpe, geliefert durch die Firma Landuyt/Belgien.

hen. Fahrzeuge des Zivilschutzes sind in blau lackiert. Krankenwagen des „Service 900", meist von der Feuerwehr eingesetzt, erhalten eine weiße Farbgebung mit rotem Mittelstreifen.

Die **Niederlande** kann auf eine nachweisliche Brandschutzentwicklung ab dem 16. Jahrhundert zurückblicken. 1672 erfolgte die Entwicklung einer Schlauchspritze und im Jahre 1870 hatte die 1831 gegründete Feuerwehr-Organisation den verheerenden Großbrand in Amsterdam zu bekämpfen, wobei sich die bis dahin erfolgten Bemühungen um den Brandschutz als völlig unzureichend erwiesen.

Nichts desdo trotz nahm die Entwicklung in den Niederlanden im Bereich des Brandschutzes nach diesem Ereignis einen rasanten Verlauf — so, wie es auch in anderen europäischen Ländern der Fall war. „Aus Schaden wird man klug!" sagt ein bekanntes deutsches Sprichwort — und in der Tat war es nicht selten so, daß die großen Schadensfälle in der Geschichte des Brandschutzes zum Umdenken und zur Aktivierung bis dahin unzureichender Maßnahmen zwangen.

Heute gilt die niederländische Feuerwehr als eine der modernsten Europas, sowohl in taktischer, technischer, personeller und auch in Hinsicht auf die Ausstattung mit Einsatzfahrzeugen. Gerade in den Grenzgebieten zur Bundesrepublik Deutschland erfolgt — wie auch in Belgien — eine enge Zusammenarbeit zwischen niederländischen und deutschen Wehren. Nicht selten werden Übungen zusammen abgehalten und im Ernstfall können Wehren von hüben und drüben die Grenzen ohne Probleme passieren.

Die Niederlande kennt sowohl die Berufsfeuerwehren als auch die Freiwilligen Wehren. Betriebsfeuerwehren in großen Unternehmen, in Häfen oder auf Flughäfen sowie Militärfeuerwehren ergänzen den Brandschutzdienst. In den Häfen des Staates gibt es zahlreiche Löschboote und Schlepper, die mit Brandbekämpfungsgerät ausgerüstet sind — ebenfalls Hochseeschlepper, die von dort Einsätze auf den Meeren der Welt fahren können.

Auch die Niederlande hat ihre eigene, leistungsfähige Feuerwehrfahrzeug-Industrie. Der Bau der Fahrzeuge wird nicht durch Normen geregelt, die Hersteller sind in dieser Beziehung frei und den Anforderungen der Wehren selbst unterlegen. Daraus hat sich in den Niederlanden ein eigener Fahrzeugstil in Bezug auf Aufbau und Ausstattung entwickelt, der kaum mit dem der Nachbarländer und vor allem mit dem der Bundesrepublik Deutschland vergleichbar ist. Feuerwehrfahrzeuge werden nur in wenigen Fällen importiert — eher Fahrgestelle, die zum Aufbau durch heimische Firmen herangezogen werden.

Ein Finanzierungssystem für Feuerwehr-Einsatzfahrzeuge gibt es bei den Feuerwehren der Niederlande nicht. Städte, Gemeinden, Betriebe oder die Wehren selbst haben für ihre Ausrüstung und Ausstattung mit Fahrzeugen zu sorgen. Dieses hat, was insbesonders den Fahrzeugpark angeht, manchmal den Vorteil, daß flexibel und dem jeweils regionalen Bedarf entsprechend eingekauft werden kann.

Die bekanntesten Feuerwehrfahrzeug-Hersteller der Niederlande sind Saval-Kronenburg mit einem breiten Angebot an Sonderfahrzeugen, Flughafen-Löschfahrzeugen und Spezialaufbauten für unterschiedlichsten Bedarf-, ferner De Boer-Ajax (Ziegler), Doeschot (Rosenbauer), Dikkers und Motorkracht (Magirus). Zahlreiche weitere kleinere Produzenten und Aufbauhersteller runden ein ausreichendes Angebot an Einsatzfahrzeugen ab, das den Bedarf des Nordseestaates voll abdeckt.

Niederländische Feuerwehrfahrzeuge werden heute weitgehend in tagesleuchtrot (RAL 3024) lackiert, meist mit breitem, weißen Mittelstreifen.

Rund 360.000 Einwohner zählt das Großherzogtum **Luxemburg** — ein Staat mit 2.586 Quadratkilometern Größe, eingeteilt in dreizehn Kantonalbereiche. Dort versehen etwa 300 Feuerwehren mit rund 10.000 Feuerwehrmännern und -frauen ihren Dienst für die Allgemeinheit. Neben dem vorbeugenden Brandschutz, dem abwehrenden Lösch- und dem Bergungsdienst gehört auch der Rettungs- und Ambulance-Dienst zum Aufgabenbereich der einzigen Berufsfeuerwehr in Luxemburg-Stadt und den Freiwilligen Feuerwehren auf dem Lande.

Die Wehren der Stadt und des Staates Luxemburg können sich einer modernen Ausrüstung und Ausstattung mit Einsatzfahrzeugen erfreuen, ihre Ausbildung gilt als hervorragend und fortschrittlich.

Luxemburg kann eine eigene Feuerwehrfahrzeug-Industrie natürlich nicht vorweisen — zu klein ist das Land und zu unrentabel wäre die Produktion. So finden sich auf den Wachen des Landes meist bundesdeutsche Normfahrzeuge der bekannten Firmen Ziegler, Metz, Magirus oder Mercedes-Benz. Für Einsatzleit- und Kommandofahrzeuge sowie für Notarzteinsatzfahrzeuge sind Ford-Pkw beschafft worden, Drehleitern stammen in der Regel von Magirus.

Die Finanzierung luxemburgischer Fahrzeugparks wird im Wesentlichen von den Gemeinden übernommen, die zudem auch Träger des Brandschutzes sind.

Heute ist das luxemburgische Feuerwehrwesen straff und modern geführt — was aber nicht heißt, daß man die alten Zeiten der Brandschutzentwicklung vergessen hat: interessant sind noch immer die zahlreich erhalten gebliebenen Spritzen, Geräte und Fahrzeuge, die bei den Wehren mit Sorgfalt und Verständnis restauriert, gepflegt und zudem gern in der Öffentlichkeit präsentiert werden.

Abschließend ein Wort zur Geschichte des Brandschutzes in Luxemburg: nachweislich geht die Entwicklung des Brandschutzes auf das Jahr 1226 zurück, als damals Klosterbrüder als geschlossene Löschmannschaft auftraten. Im Jahre 1537 gab es die erste Verordnung für das Verhalten bei Bränden, ab Mitte des 17. Jahrhunderts wurde das Brandschutzwesen im Lande wesentlich gefördert durch die Kaiserin Maria-Theresia. An sie erinnert noch heute eine alte Handdruckspritze, von der Monarchin gestiftet und nun liebevoll bei der Berufsfeuerwehr der Stadt Luxemburg aufbewahrt.

In der Hauptstadt des Herzogtums wurde dann 1814 das erste Feuerwehr-Corps gegründet; dieses führte im Jahre 1921 zur Einrichtung der heutigen Berufsfeuerwehr in der Hauptstadt — wie gesagt, der einzigen Berufsfeuerwehr auch im Lande.

Die Feuerwehr-Einsatzfahrzeuge Luxemburgs sind weitgehend in feuerwehrrot (RAL 3000) lackiert, wenige Ausnahmen weisen ein niederländisch/belgisches Design auf.

Tanklöschfahrzeug (TLF) der FF. Geel. Hier nun wieder ein sehr modernes Tanklöschfahrzeug auf Renault S 170-12, in Belgien als „halbschwere Autopumpe'' eingestuft. Das Fahrzeug ist ausgerüstet mit einer Ziegler-Feuerlöschpumpe 16/8, und einem Löschwassertank mit 2.000 Liter Fassungsvermögen.

Großtanklöschfahrzeug (GTLF) der FF. Kortemark. Etwa 300 Großtanklöschfahrzeuge dieses Typs stehen derzeit bei den Feuerwehren Belgiens im Einsatz. Es handelt sich um einen Volvo FL 7 mit 8.000-Liter-Löschwassertank. Geliefert wurde das Fahrzeug von der belgischen Firma Vanassche.

Tanklöschfahrzeug (TLF) der FF. Brakel. Mercedes-Benz 914-„Ecoliner" mit Vanassche-Aufbau. Das Fahrzeug ist ausgestattet mit einer Ziegler-Feuerlöschpumpe 8/8 mit einer Leistung von 1.800 l/min. bei 7 bar und 280 l/min. bei 7 bar und 280 l/min. bei 40 bar. Die zusätzliche technische Ausrüstung besteht aus einem Teleskop-Lichtmast mit zwei Scheinwerfern a 1000 Watt, einem Löschwassertank mit 1.000 Litern Fassungsvermögen und einem Elektroaggregat zum Betrieb der Beleuchtungsanlage und der Hilfeleistungs-Ausstattung.

Vorauslöschfahrzeug (VLF) der FF. Virton. Klein, schnell und wendig! Für den Überlandeinsatz beschaffte das belgische Innenministerium für die Feuerwehren im Lande diesen Chrysler-Dodge W 350 mit 800-Liter-Löschwassertank und einer Rosenbauer-Feuerlöschpumpe 120 mit einer Leistung von 1.800 l/min. bei 7 bar und 160 l/min. bei 20 bar.

Tanklöschfahrzeug (T-LF) der FF. Beveren. Mercedes-Benz 1724 für eine Besatzung von 1 + 10 Personen: die Mannschaftskabine ist vom Fahrerhaus getrennt im Aufbau des Fahrzeugs integriert. Das Fahrzeug selbst ist ausgerüstet mit einer Bachert-Feuerlöschpumpe 38/10 mit einer Leistung von 4.000 l/min. bei 10 bar und 350 l/min. bei 40 bar. Der Löschwassertank faßt 2.400 Liter. Den Aufbau fertigte die bundesdeutsche Firma Bachert.

Drehleiter (DL 30) der FF. Spa
Nachfolgend einen kurzen Überblick über Hubrettungsfahrzeuge bei den belgischen Feuerwehren (siehe auch Fotos am Beginn dieses Kapitels): hier eine DL 30 auf Chevrolet-Fahrgestell.

Drehleiter (DLK 30) der FF. Lennik. Interessant sicherlich auch diese Information: etwa 80% der belgischen Feuerwehren verfügen über eine Drehleiter oder über ein Hubrettungsfahrzeug (z.B. Skylift, Teleskopsteiger, Gelenkmast)!

Gelenkmast (GM) der FF. Bertrix. Auf gleichem Fahrgestell ein Comet-Hubsteiger („Skylift") mit Zwei-Monitor-Löschanlage.

Gelenkmast (GM) der FF. Leopoldsburg. Renault GRH 235 EPE mit Comet-C 25 T-Skylift. Der Hubsteiger hat eine Aufstiegs- und Arbeitshöhe von 25 Metern. Das Fahrzeug wurde 1984 gebaut.

Pulverlöschfahrzeug (TrolF 750) der BF. Brüssel. Dieses Pulverlöschfahrzeug auf DAF-Fahrgestell ist mit einer 750 kg-Löschanlage (Total) ausgerüstet.

Schaum-Tanklöschfahrzeug (STLF) der BF. Kortrijk. 6.000 Liter Löschschaum faßt die Anlage dieses Schaum-Tanklöschfahrzeuges.

Pulverlöschfahrzeg (TroLF) der WF. Distrigas/Zeebrügge. Renault-Turbo mit zwei Pulver-Löschmitteltanks von je 1.000 kg Fassungsvermögen. (1986)

Tanklöschfahrzeug/Zubringerlöschfahrzeug (TLF/ZLF) der FF. Spa. Ford F 500 — zur Zuführung von Löschwasser.

Tanklöschfahrzeug-Waldbrand (TLF-W) der FF. Genk. Iveco-Magirus 260 mit 6.000-Löschwassertank und einer mit 1.900 l/min. Leistung bei 8 bar.

Tanklöschfahrzeug-Waldbrand (TLF-W) der FF. Paliseul. Tank 1.000 Liter, Westerlain-Pumpe mit 1.500 l/min. bei 7 bar sowie 250 l/min. bei 25 bar.

Tanklöschfahrzeug (TLF) der FF. Beveren. Mercedes-Benz L 608 mit Rosenbauer-Pumpe (R 600) mit einer Leistung von 5.520 l/min. bei 10 bar, ausgestattet mit 2.400-Liter-Löschwassertank.

Hubsteiger (HSt) der BF. Brüssel. Sonder-Einsatzfahrzeug mit 9-Meter-Arbeitsbühne der Firma Ruthmann auf Mercedes-Benz 307 D.

Mannschaftstransportwagen (MTW) der BF. Brüssel. Zum Abschluß der Auswahl belgischer Feuerwehr-Einsatzfahrzeuge ein Renault-Kleinbus mit „modernem Farbdesign“, eingesetzt bei der Berufsfeuerwehr der belgischen Hauptstadt als Mannschaftstransportfahrzeug. Baujahr des MTW ist 1981.

NIEDERLANDE

Kommandowagen (ELW 2) der BF. Utrecht. Das Fahrzeug auf Mercedes-Benz LP 806 entspricht in seiner Ausstattung und Funktion in etwa dem deutschen Einsatzleitwagen 2. Es ist ausgerüstet mit dem entsprechenden funk- und fernmeldetechnischen Gerät zur Führung von Einsätzen auch größeren Ausmaßes.

Tanklöschfahrzeug (TLF) der WF. „Bavaria“/Eindhoven. Das Fahrzeug führt 2.000 Liter Löschwasser mit sich, die Pumpe leistet 250 l/min. bei 40 bar. Der Aufbau stammt von Saval-Kronenburg. Seit Oktober letzten Jahres steht das TLF in einem niederländischen Brandschutz-Museum.

Tanklöschfahrzeug (TLF) der BF. Venlo. Dieser Mercedes-Benz-Unimog der Brandweer Venlo führt als geländegängiges Tanklöschfahrzeug mit 1.000-Liter-Löschwassertank auch einen Hilfeleistungssatz für technische Notfälle bzw. Bergeeinsätze mit. Das Fahrzeug ist mit Frontseilwinde ausgestattet.

Rettungswagen (RTW) der Fw. Eindhoven. Ambulance-Fahrzeug (RTW) auf DAF 400 mit einer dem deutschen RTW vergleichbaren Ausstattung. Es handelt sich hier um ein typisch niederländisches Krankentransport- und Rettungsfahrzeug.

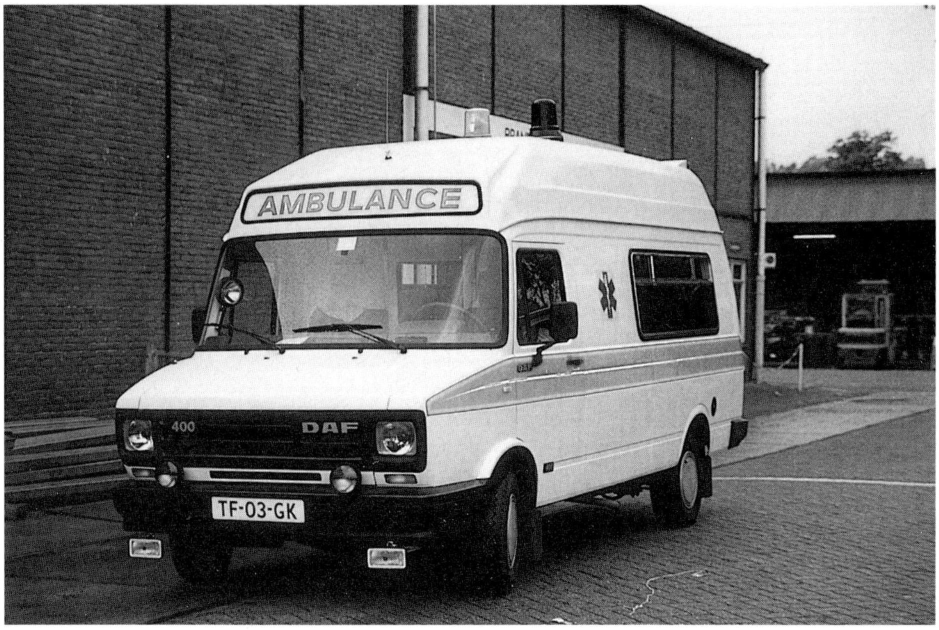

Einsatzleit- und Führungsfahrzeug (ELW/FÜF) der Brandweer 's-Gravenhage/ Den Haag Opel-Rekord als Führungsfahrzeug für den Offizier vom Dienst.

Tanklöschfahrzeug (TLF) der BF. Amsterdam Tanklöschfahrzeug kleinerer Ausführung auf Mercedes-Benz LP 1013: das Fahrzeug ist vor allem für den Einsatz im engen Altstadtbereich Amsterdams vorgesehen. Löschmittel: 1.400 Liter Wasser, Rosenbauer-Pumpe 280/I (2.450 l/min. bei 8 bar, 300 l/min. bei 30 bar).

Tanklöschfahrzeug (TLF) der WF. „Phillips"/Eindhoven. Mercedes-Benz 1017 mit Aufbau der deutschen Firma Ziegler entsprechend dem TLF 16 deutscher Feuerwehren. Das Fahrzeug ist ausgerüstet mit einem 1.350-Liter-Löschwassertank sowie mit 200 Liter Schaummittelkonzentrat.

Schnellangriffsfahrzeug (SAF/RIV) „Rapid-Intervention-Vehicle" (RIV) der Firma Saval-Kronenburg in Kooperation mit der spanischen Firma I.L.P.: Fahrzeug mit Mercedes-Benz-Motor 117, ausgerüstet mit 1.200-Liter-Löschwassertank, 144 Liter Schaumlöschmittel und 250 kg Löschpulver.

⌂

Tanklöschfahrzeug (TLF) der WF. „DAF-Trucks''/Eindhoven. Dieses niedrig gebaute Tanklöschfahrzeug auf DAF-Fahrgestell wurde von der Firma Saval-Kronenburg nach Angaben der Werkfeuerwehr gefertigt.

Tanklöschfahrzeug (TLF) der Bw. Den Haag. Tanklöschfahrzeug kleinerer Größenordnung auf DAF-1500-Fahrgestell. Das Fahrzeug ist mit 1.000-Liter-Löschwassertank sowie Hilfeleistungsgerät für einfache technische Einsätze ausgestattet.

Tanklöschfahrzeug (TLF) der Brandweer 's-Gravenhage/Den Haag. Mercedes-Benz 1017 mit Kronenburg-Aufbau — ein Tanklöschfahrzeug mit 2.000-Liter-Löschwassertank und kombinierter Hoch- und Normaldruckpumpe. Die Pumpenleistung beträgt 2.500 l/min. bei 8 bar und 300 l/min. bei 40 bar. Das Fahrzeug ist ausgestattet mit drei Schnelleinsatzhaspeln von 1 x 90 Metern und 2 x 60 Metern Schlauchlänge. Zudem führt das Tanklöschfahrzeug feuerwehrtechnisches Gerät für den Hilfeleistungseinsatz mit. Die Besatzung ist mit 1 + 5 Personen vorgesehen.

Großtanklöschfahrzeug (GTLF-Schaum/Pulver) der Bw. Eindhoven DAF 2800 Turbo mit 7.000-l-Löschwasser, 700-l Schaummittel, 750 kg Löschpulver.

Hilfeleistungs-/Rüstwagen (RW 1) der Brandweer 's Gravehage/Den Haag. Mercedes-Benz Unimog 1300 mit Aufbau der deutschen Firma Ziegler. Das Rüstfahrzeug ist ausgestattet mit einer Vorbauseilwinde mit einer Zugkraft von 4.240 kg, dazu mit einem 12 kV-Generator (220 und 380 Volt) zur Einspeisung in die Hilfeleistungsgeräte und in den Lichtmast. Als Besatzung sind zwei Personen vorgesehen.

Rüstwagen (RW 2) der Brandweer 's-Gravenhage/Den Haag. Rüstfahrzeug der Größenordnung 2 (in bundesdeutschem Vergleich) auf Mercedes-Benz 1017. Es handelt sich bei diesem Fahrzeug um einen Aufbau der Firma Ziegler (Bundesrepublik Deutschland). Der Rüstwagen ist ausgestattet mit 6.000 kg-Seilwinde und einem 20 kV-Generator.

Trockentanklöschfahrzeug (TroTLF) der Bw. Helmond. Das 1975 auf DAF-Fahrgestell gebaute Fahrzeug ist neben der Löschwasser-Anlage mit einer 750-kg-Feuerlöschanlage ausgerüstet sowie mit einer Hoch- und Normaldruckpumpe versehen. Interessant an diesem Fahrzeug ist der in den Geräteaufbau integrierte Mannschaftsraum sowie die „fließende" Form des Aufbaues, die ein wenig an die „Omnibusbauweise" deutscher Tanklöschfahrzeuge in den 50/60er Jahren erinnert.

Hilfeleistungs-Tanklöschfahrzeug (HTLF) der Brandweer 's-Gravenhage/ Den Haag. Mercedes-Benz 1117 mit einem Aufbau von Rosenbauer/Belgien. Es handelt sich hier um ein kombiniertes Lösch- und Hilfeleistungsfahrzeug modernen Typs.

Gerätewagen (GW) der Bw. Venlo. Dieses Fahrzeug wurde von der Brandweer Venlo in Eigenarbeit ausgebaut: es handelt sich um ein ehemaliges Tanklöschfahrzeug Mercedes-Benz 1113, nachgerüstet mit 7-Tonnen-Vorbauseilwinde. Der Gerätewagen ist für eine Besatzung von sechs Personen vorgesehen, es wird vor allem bei Bergeeinsätzen genutzt oder zu technischen Hilfeleistungen eingesetzt.

Geräte-/Rüstwagen (GW/RW) der WF. „Phillips"/Eindhoven. Rüst- und Materialfahrzeug der Phillips-Werkfeuerwehr auf Magirus-Deutz 170. Der Aufbau entspricht dem Ziegler-Rüstwagen 2 deutscher Feuerwehren, die feuerwehrtechnische Ausrüstung ist jedoch individuell angelegt.

Rüstwagen (RW 2) der Bw. Eidhoven. Magirus-Deutz 170 D

Wechselaufbaufahrzeug (WAF) Das Fahrzeug vom Typ DAF 1900 Turbo ist beladen mit einem „Hydrosub"-Container — einer Pumpen-Löscheinheit mit 4.500-Liter-Leistung/min. bei 14 bar.

Wechselaufbaufahrzeug (WAF) mit „Hydrosub"-Container. Siehe vorstehendes Foto: deutlich sichtbar wird hier die mögliche Trennung von Pumpen- und Geräteeinheit.

Gerätewagen-Atemschutz (GW-AS) der BF. Amsterdam. Atemschutzfahrzeug Iveco-Daily 49-10 mit Rosenbauer/Doeschot-Aufbau.

Gerätewagen (GW) der Brandweer' s-Gravenhage/Den Haag. Mercedes-Benz 207 D als „Servicewagen'' des Feuerwehrtechnischen Dienstes: das Fahrzeug ist ausgerüstet mit Werkstatt- und Hilfeleistungs-Gerätschaften und kann im Notfall auch als eigenständiges Hilfeleistungsfahrzeug eingesetzt werden.

Flugfeldlöschfahrzeug (FLF) der Bw. Flughafen Schiphol. „Crashtruck'' vom Typ „Chubbpatroller'': britisches Fahrgestell mit Aufbau und Ausstattung von Saval-Kronenburg. Das Fahrzeug ist mit 10.000-Liter-Löschwassertank ausgerüstet. Das Flugfeldlöschfahrzeug wurde 1979 in Dienst gestellt.

Flugfeldlöschfahrzeug (FLF) der Bw. Flughafen Schiphol. Das 1985 von Saval-Kronenburg gebaute Fahrzeug vom Typ „Rapid Intervention Vehicle RIV-04'' ist mit 550-PS-Detroit-Dieselmotoren sowie einem 230-PS-Pumpenmotor ausgerüstet. Das FLF führt einen Löschwassertank mit 4.000 Liter Fassungsvermögen und 400 Liter Schaummittel mit sich.

Drehleiter (DL 30) der Bw. Utrecht. Die nächsten Fotos zeigen einige Drehleiterfahrzeuge bzw. Hubrettungsfahrzeuge niederländischer Feuerwehren. Auch diese Auswahl kann nur einen sehr eingeschränkten Überblick über dieserart Einsatzfahrzeuge geben. Hier zunächst ein Rückblick in die Vergangenheit: diese DL 30 auf britischem Commer-Fahrgestell wurde 1964 von der bundesdeutschen Firma Metz, Karlsruhe, an die Brandweer Utrecht ausgeliefert.

Gelenkmast (GW) der Bw. 's-Gravenhage/ Den Haag. Simon-Snorkel/Alkmaar auf Mercedes-Benz 1924 mit einer Aufstiegs- und Arbeitshöhe von 22 Metern. Der Korb läßt eine Besatzung von 4—5 Personen bzw. 350 kg zu. Auf dem Arbeitskorb ist ein Monitor montiert, der zentral gesteuert werden kann.

Drehleiter (DLK 30) der Bw. Helmond. DAF 2100-Turbo mit Riffaud-Leiteraufbau. Dieses Fahrzeug aus dem Jahre 1984 gilt in den Niederlanden als sogenanntes „Regionsfahrzeug'' und wird vom Staat den Feuerwehren zur Verfügung gestellt. Eingesetzt wird das abgebildete Fahrzeug im Großbereich der Region Helmond.

Kranwagen (KW) der Bw. 's-Gravenhage/ Den Haag. Kleiner Kranwagen auf Mercedes-Benz 1013 mit Hiab/Bedum-Aufbau. Das Fahrzeug ist ausgerüstet mit einer Pkw-Abschlepp-Konstruktion sowie einem Kran mit einer Leistung von 2.000 kg. Zudem führt der Kranwagen das notwendige Arbeits- und Hilfsgerät zur Bergung mit.

Kranwagen (KW 25) der Bw. 's-Gravenhage/ Den Haag. Und hier der „Große'' der Brandweer 's-Gravenhage: Typ Saturn 25 F mit Hydrokran-Aufbau und einer Kranleistung von 25 Tonnen sowie einer Seilwinden-Leistung von 17 Tonnen. Eingesetzt wird das Fahrzeug zum Bergen und Abschlepppen. Als Besatzung sind zwei Personen vorgesehen.

Lichtmastanhänger (LiMa) der Brandweer 's-Gravenhage/Den Haag. Lichtwagenanhänger'' (LiWa 1) wird dieses Fahrzeug intern bezeichnet. Es ist ausgerüstet mit einer Flutlichtanlage (drei Scheinwerfer von je 1000 Watt Leistung) sowei mit einem Geräteaufbau für zusätzliches Beleuchtungs- und Zubehörmaterial. Der Anhängeraufbau stammt von der niederländischen Firma Smit-Hydraulik BV.

Tanklöschfahrzeug (TLF) „Kobra" Eine neue Art von Tanklöschfahrzeugen der Firma „Kobra-Firetrucks" in den Niederlanden hat seit einigen Jahren Aufsehen nicht nur in den Niederlanden erregt. Mit dem System „Back up 2000" stellt das Unternehmen ein Fahrzeug vor, das in bisher ungewöhnlicher Weise für das Bedienpersonal zugänglich ist: das Heckteil des Fahrzeugs wird hydraulisch hochgefahren, so daß Geräteraum und Pumpenanlage ungehindert zugänglich ist.
Unser Foto zeigt ein Tanklöschfahrzeug dieses Systems auf DAF 1700-Turbo — ein Präsentationsfahrzeug des Herstellers.

Tanklöschfahrzeug (TLF) „Kobra". Hier das obengenannte Fahrzeug auf Mercedes-Benz 1222. Das Fahrzeug ist ausgerüstet mit einem 2.000-Liter-Löschwassertank, einer Godiva-Feuerlöschpumpe UMPX mit einer Leistung von 2.250 l/min. bei 8 bar bzw. 285 l/min. bei 43 bar sowie Schnellangriffschläuchen von 60 und 90 Metern.

Heckansicht TLF „Kobra". Die Heckansicht des vorgenannten Fahrzeugs zeigt deutlich die Funktion des neuen „Back-up-Systems": Pumpenanlage, Schnellangriffshaspeln und Geräteraum liegen frei und sind ungehindert zugänglich.

Einsatzfahrzeug (ELW) der FF. Grevenmacher Opel-Rekord-Caravan

LUXEMBURG

Kleinlöschfahrzeug (KLF) der FF. Grevenmacher. Ein Dodge-Militärfahrzeug aus amerikanischen Kriegsbeständen, das später in Eigenarbeit zum Feuerwehr-Einsatzfahrzeug umgebaut wurde! ▷

Tanklöschfahrzeug (TLF) der FF. Steinsel. Steyr 12 S 21 mit Rosenbauer-Aufbau. Das Tanklöschfahrzeug mit Truppkabine ist ausgerüstet mit 2.500-Liter-Löschwassertank, 200-Liter-Schaummitteltank sowie mit einer Feuerlöschpumpe (Leistung 1.600 l/min.) und einem Flutlichtmast mit 2 x 1000 Watt-Scheinwerfern. ▽

Großtanklöschfahrzeug (GTLF) der FlFw. Luxemburg. Walther-Fahrgestell (1953) 7.000-l-Löschwasser, 1.000-l-Schaummittel, „Lightwater Anlage"

Tanklöschfahrzeug (TLF 8) der FF. Larochette. Baujahr 1976, 1.800-Liter-Löschwassertank, FLP mit 800 l/min. bei 8 bar.

Mannschafts- und Mehrzweckfahrzeug der FF. Wiltz. VW-Kombi III

Tanklöschfahrzeug (TLF) der FF. Bertrange. Magirus-Deutz aus dem Jahre 1981 als Tanklöschfahrzeug 1800 (TLF 8/18), 1.800 Liter Löschwasser.

Mannschaftswagen (MTW) der FF. Remich. Ford Transit

Tragkraftspritzenfahrzeug (TSF) der FF. Wiltz

Großtanklöschfahrzeug (GTLF) der FF. Wincrange. Mercedes-Benz 1225 AF 3.900-Liter-Löschwassertank und 200 Liter Schaummittel.

Schlauchwagen (SW 1000) der FF. Lintgen. Mercedes-Benz-Unimog 1300 des Luxemburgischen Zivilschutzes. Aufbau Comes & Co. Baujahr 1988.

Großtanklöschfahrzeug (GTLF) der BF. Luxemburg. Mercedes-Benz 1932/36 mit 5.000-Liter-Löschwassertank und 500-Liter-Schaumlöschmitteltank. Das für eine Besatzung von 1+5 Mann vorgesehene Fahrzeug ist ausgestattet mit einer Feuerlöschpumpe 16/8-II (Leistung 2.800 l/min. bei 8 bar) und mit einem Werfer (Fahrzeugdach), Leistung 1.600 l/min.

Rüstlöschfahrzeug (RLF) der FF. Bertrix. Mercedes-Benz-Unimog mit Frontseilwinde, Frontgeräteplatte für Zusatzgeräte sowie mit einem Geräteaufbau der deutschen Firma Bachert. Der Kabinenaufbau ist mit einer aufklappbaren Dachluke versehen.

Im Übungseinsatz! Lösch- und Rettungseinheit der englischen Feuerwehr.

Britische Inseln
England — Irland — Schottland/Island

Wenn wir in diesem Kapitel von den „Britischen Inseln", also von Großbritannien, reden, dann reden wir zugleich von den einzelnen Ländern England, Irland, Schottland und Island. Die große und die zwei kleinen Inseln inmitten von Nordsee und Atlantischem Ozean bilden auch eine Einheit, wenn es um das Thema Brandschutz und Feuerwehrfahrzeuge geht.

So hat die geschichtliche Entwicklung des Brandschutzes für alle Bereiche der Britischen Inseln eigentlich in der Hauptstadt London begonnen, wo im Jahre 1666 das „Great Fire" über 13.000 Gebäude in Schutt und Asche legte. Vor dieser Zeit gab es in Großbritannien keine organisierten Feuerwehrkräfte — eher Freiwillige, die sich mehr oder weniger dem Zufall überlassen um den Brandschutz der eigenen Ortsbereiche oder Gemeinden kümmerten.

Wie bereits aus anderen Ländern Europas bekannt, trat nach dem verheerenden Londoner Großbrand ein deutliches Umdenken in Sachen Brandschutz und vorbeugender Brandschutz ein. Gebäudeversicherungen stellten zunächst eigene Löschgruppen auf, die jedoch nur die eigenen, versicherten und entsprechend gekennzeichneten Häuser zu schützen hatten.

Bis in das 19. Jahrhundert hinein erfolgte dann eine zunehmende Professionalisierung der Feuerlöschkräfte, überregionale Zusammenschlüsse und der organisatorisch-technische Aufbau führte zur vermehrten Anerkennung der „Fire brigades" im Lande und bei der Bevölkerung.

Im Jahre 1830 wurden erste Löschfahrzeuge zur Brandbekämpfung eingesetzt: Dampfkesselspritzen, die ab Mitte des 18. Jahrhunderts verstärkt zum Einsatz kamen.

Auch die ersten Motor-Löschfahrzeuge wurden Anfang des 19. Jahrhunderts in London eingesetzt. Von dort nahm die Entwicklung der Feuerwehr-Einsatzfahrzeuge in den nachfolgenden 40 Jahren — bis zum Zweiten Weltkrieg — einen rasanten Aufschwung.

Der „National Fire Service", ein überregionaler Zusammenschluß britischer Feuerwehren unter staatlicher Aufsicht, führte zu einer bis heute anhaltenden weitgehenden Normierung des Brandschutz- und Feuerwehrfahrzeugwesens in England.

Nach dem Kriege fiel die Verantwortung für den Brandschutz den Städten und Gemeinden bzw. den Landkreisen/Grafschaften (Countys) zu.

Von den dort zuständigen Verwaltungen werden Fahrzeuge, Material und Personal für Brandschutzaufgaben und vorbeugenden Brandschutz vorgehalten und finanziert.

Für den modernen Brandschutz Großbritanniens ist das Jahr 1974 von besonderer Bedeutung: hier erfolgte eine grundlegende Reorganisation der seitherigen Feuerwehr-Organisationen mit durchgreifenden Veränderungen für die einzelnen Wehren. Die Landkreise (Countys) werden neu gefaßt und die dortigen Feuerwehren nun ganz in die Zuständigkeit dieser Verwaltungszusammenschlüsse gestellt. Lediglich in wenigen ländlichen Bereichen gibt es seitdem noch freiwillige Feuerwehren — ansonsten überwiegen Berufsfeuerwehren in den Städten und Gemeinden. Das Personal dieser Wehren rekrutiert sich aus festangestellten Berufsfeuerwehrleuten, zum Teil auch aus nebenberuflichen „fire men", die jedoch nach strengen Vorgaben zur Verfügung stehen müssen und für ihren Dienst bezahlt werden.

Diese Umstellungen fanden nicht immer die Zustimmung der Feuerwehren, zum Teil auch nicht die der Bürger. Man spricht nicht selten von einer „unguten Entfremdung" der Feuerwehrangehörigen, die nun nicht mehr die enge Beziehung zum eigenen Dorf, zu den Bewohnern und zu den regionalen Situationen haben.

Auch die komplette Finanzierung des vorbeugenden und ausführenden Brandschutzes erfolgt heutzutage über die Verwaltungen der Städte und Landkreise.

Dadurch und durch die verwaltungstechnischen Vorgaben erfolgte wiederholt und nunmehr in aller Konsequenz eine sehr starke Vereinheitlichung der Einsatzfahrzeuge britischer Feuerwehren, so daß heute — abgesehen von bestimmten Sonderfahrzeugen (z.B. Drehleitern, Rüstwagen, Gerätewagen) vor allem der „water tender/ladder" das in Großbritannien wohl bekannteste Fahrzeug der Feuerwehren darstellt. War es noch vor einigen Jahren das in England traditionelle Tanklöschfahrzeug mit der 15m-Abprotzleiter („pump/escape ladder"), so ist heute eben der „water tender/ladder" aus dem Fuhrpark der Berufsfeuerwehren nicht mehr wegzudenken.

Feuerwehr-Einsatzfahrzeuge auf den britischen Inseln sind in der Regel genormt, was ihren Aufbau und ihre feuerwehrtechnische Ausstattung angeht. Neben finanziellen Überlegungen spielt die Austauschbarkeit des Personals im Einsatz dabei eine nicht zu unterschätzende Rolle. Feuerwehrkräfte verschiedener „brigades" sind damit in der Lage, mit jedem Fahrzeug und mit jedem mitgeführten Lösch-, Bergungs- oder Rettungsgerät fachgerecht zu arbeiten.

Trotzdem lassen die Angebote der äußerst leistungsfähigen britischen Feuerwehrfahrzeug-Industrie genügend Spielraum für individuelle Ausstattung der „fire appliances". Varianten hinsichtlich der Fahrgestelle, der Aufbauten, der technischen Leistung und der feuerwehrtechnischen Ausrüstung lassen für die Wehren kaum noch Wünsche offen.

Feuerwehr-Einsatzfahrzeuge werden in den wenigsten Fällen aus dem Ausland eingeführt, in bestimmten Fällen stehen Metz- oder Magirus-Drehleitern oder Sonderfahrzeuge deutscher Aufbauhersteller auf den Wachen der englischen Großstädte — in der Regel aber bestimmen Chassis von Bedford, Dennis, Dodge, ERF oder Leyland sowie Aufbauten von Carmichael, HCB-Angus, Merryweather oder Mountain-Range — um nur einige der bekannten Firmen zu nennen — das Bild der Fahrzeugparks in England, aber auch in Schottland, Irland und Island.

Die Vereinheitlichung britischer Feuerwehrfahrzeuge geht soweit, daß gleiche Fahrzeugtypen auch in den englischen Besitzungen oder bei den im Ausland stationierten Militärfeuerwehren (z.B. Gibraltar) zu finden sind.

Feuerwehr-Einsatzfahrzeuge in den Ländern Großbritanniens sind in der Regel rot (RAL 3000) lackiert, in Einzelfällen auch in leuchtrot (RAL 3024). In England und Schottland findet man auch weiße (z.T. weiß mit leuchtrotem Mittelstreifen) oder gelbe Fahrzeuge. Die Einsatzfahrzeuge der Werkfeuerwehren entsprechen bis auf Ausnahmen denen der „County Fire Brigades", Militärfeuerwehrfahrzeuge findet man in roter Lackierung oder in oliv. Vereinzelt gibt es in Irland und Schottland Löschfahrzeuge der Polizei, die dann in den dortigen Polizeifarben gehalten sind.

Die Beschriftung der britischen Feuerwehrfahrzeuge sieht in der Regel das Stadt- oder Landkreiswappen seitlich an den Türen vor (nicht selten mit Königskrone!), dazu erfolgt seitlich am Fahrzeugaufbau die Bezeichnung der regionalen Zugehörigkeit, z.B. „Essex County Fire Brigade".

Auffallend bei manchen Tanklösch- oder Rüstfahrzeugen sind die nicht lackierten Metallaufbauten, in die zum Teil Sitzplätze für die Mannschaft integriert sind.

Mehrzweckfahrzeug (MZF) der Surrey Fire Brigade.

Mehrzweckfahrzeug (MZF) der Essex County Fire Brigade.

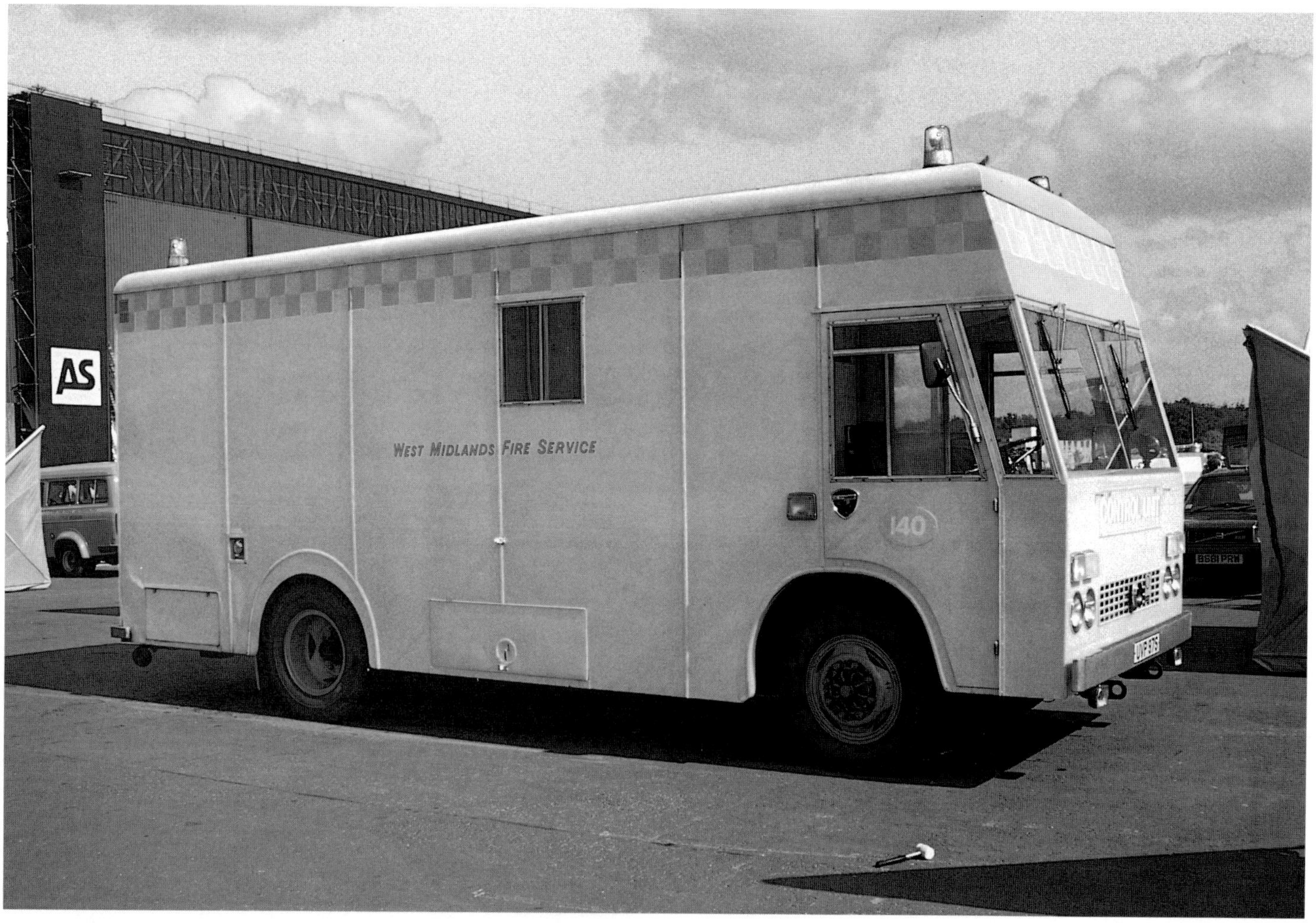

Kommandowagen (KdoW) des West Midlands Fire Service. „Control Unit'' — fahrbare Leitstelle und Kommandoeinheit mit den auch für größere Einsätze nötigen funk- und fernmeldetechnischen Führungsmitteln. Dieses Fahrzeug ist in Tagesleuchtrot lackiert (RAL 3024) und führt das für englische Kommandofahrzeuge typische Quadratband (Oberkante Fahrzeug).

Einsatzleit- und Führungsfahrzeug (ELW/FÜF) der BF. Essex. Der Range-Rover ist in dieser Form wohl das bekannteste Einsatzleitfahrzeug britischer Feuerwehren. Ausgerüstet mit optisch-akustischen Warneinrichtungen (z.B. Stemlight-Blaulicht) und mit Gerätschaften für den Ersteinsatz gilt er auch als schnelles Vorausfahrzeug z.B. bei Verkehrsumfällen.

Führungsfahrzeug (FÜF). Ford-Dienstfahrzeug für Beamte des gehobenen Brandschutzdienstes.

Vorausrüstwagen (VRW) der Tyne and Wear Fire Brigade. GMC-Sierra-Classic 3500 D — aufgebaut und ausgestattet von der britischen Firma Reynolds-Boughton-Ltd.: ein schnelles Hilfeleistungsfahrzeug für den Straßenunfalldienst und für technische Rettungseinsätze. Das Fahrzeug ist ausgerüstet mit modernsten Rettungsgeräten wie Spreizer, Schere, Hebekissen, u.a., dazu mit einem ausfahrbaren Lichtmast und mit einer Stemligth-Blaulichtanlage.

Kleinlöschfahrzeug (KLF) der WF. Messe Birmingham. Nicht mehr ganz neu, dafür aber umso interessanter: Landrover mit Carmichael-Aufbau. Dieses Fahrzeug wird bald durch einen neuen Vorausrüstwagen/Löschfahrzeug ersetzt (siehe folgendes Foto).

Tanklöschfahrzeug (TLF) der WF. Messe Birmingham. Das neue Einsatzfahrzeug des „National Exhibition Center Birmingham'': Tanklöschfahrzeug mit 900-Liter-Löschwassertank sowie 90 Liter Schaumlöschmittel. Die Feuerlöschpumpe leistet 2.800 l/min.. Dazu einige Fahrzeugangaben: Das Löschfahrzeug ist ausgestattet mit einem 6,2-Liter-Motor V8 Diesel, mit einer Normal- und Hochdruckpumpe sowie mit Schnellangriffsleitung. Fahrzeugtyp GMC 3500.

Tanklöschfahrzeug (TLF) der BF. London. Typisch für Großbritannien und typisch für die Feuerwehren der Hauptstadt London: Dennis-Tanklöschfahrzeug aus dem Jahre 1984, ehemalige „Pump ladder'' mit 15-Meter-Abprotzleiter. Fahrzeuge dieser Art, soweit sie sich noch im Einsatz befinden, sind heute mit einer aufgeschobenen 16-Meter-Normalleiter ausgerüstet. Das Tanklöschfahrzeug führt einen 1.800-Liter-Löschwassertank mit sich, zwei Schnellangriffsleitungen stehen zur Verfügung.

Tanklöschfahrzeug (TLF) des Cumberland Fire Service. Ein Oldtimer unter den britischen Feuerwehr-Einsatzfahrzeugen: Cummer-HCB-Angus-TLF.

Tanklöschfahrzeug (TLF) der BF. Birmingham. Dennis-TLF des Baujahres 1979 mit 1.800-Liter-Löschwassertank sowie Godiva-Hochdruck-FLP.

Tanklöschfahrzeug (TLF) der Lancashire County Fire Brigade. Durch Zufall im Einsatz gesehen: ein Tanklöschfahrzeug, bei dem besonders die alufarben belassene Karrosserie auffällt, in Großbritannien durchaus häufiges „Design'' bei Feuerwehr-Einsatzfahrzeugen.

Tanklöschfahrzeug (TLF) der BF. Birmingham. Modernes Standardfahrzeug Dennis aus dem Jahre 1982 mit 1.800-Liter-Löschwassertank.

Tanklöschfahrzeug (TLF) der BF. Birmingham. Gleicher Fahrzeugtyp wie vorstehend, jedoch mit modernem Sicherheits-Design! Aufbau und Ausrüstung dieses Einsatzfahrzeuges stammt von der britischen Firma Mountain-Range.

Das mit Hilfeleistungsgerät ausgerüstete Fahrzeug ersetzt zunehmend die als „Pumper'' bisher bei britischen Feuerwehren eingesetzten Löschfahrzeuge — in der Regel rückt es als erstes Fahrzeug im Alarmfall aus.

Flugfeldlöschfahrzeug (FLF) der FlFw. Norwich. „Protector 6 x 6 von Simon/Gloster-Saro: FLF mit 10.000-Liter-Löschwassertank, 1.200 Liter Schaumlöschmittel und mit einer Feuerlöschpumpe mit 4.500 l/min. Leistung bei 60 bar bzw. 2.75 l/min. bei 40 bar.

Tanklöschfahrzeug (TLF) des Suffolk Fire Service. Moderner „Water tender/ladder'' auf Volvo FL 6/14 mit HCB-Angus-Aufbau.

Tanklöschfahrzeug (TLF) des Norfolk Fire Service. Zur Präsentation auf der „Interschutz 88'', Hannover: Mercedes-Benz 1222 mit Rosenbauer-Aufbau.

Hilfeleistungs-Tanklöschfahrzeug (H-TLF) des Essex Fire Service. Ein Fahrzeug des Hilfeleistungszuges aus Essex (siehe auch weitere Fotos).

Tanklöschfahrzeug (TLF) der Lancashire County Fire Brigade. Leyland-DAF „Freigther 17-17'' vom britischen Hersteller Fulton & Wylie Ltd.

Gelenkmast (GM) der South Yorkshire Fire Brigade. Kombinationsfahrzeug „Gelenkmast/Leiter" auf Volvo FL 10 des britischen Herstellers Simon (Simon-Snorkel!). Dieses mit einem Snorkel ST 300 S ausgestattete Fahrzeug erreicht eine Arbeitshöhe von 31,5 Metern, das eingebaute Feuerlöschsystem (Korbmonitor) erreicht eine Leistung von 2.2754 l/min. bei 12 bar Nominaldruck.

Gelenkmast (GM) der BF. London. Dieses ist derzeit Londons größtes Hubrettungsfahrzeug! Der Rettungs- und Arbeitskorb des Bronto-Skylift 33-2 TI, aufgebaut auf einem UD WINW Volvo FL-10 Fahrgestell (Aufbau von Anglocco) erreicht eine Arbeitshöhe von 35 Metern. Das Hubrettungsfahrzeug, das auf der „Fire '89" in Birmingham erstmals der Öffentlichkeit präsentiert wurde, erscheint hier noch ohne Plattform-Aufbau.

Gelenkmast (GM) der BF. Birmingham. 30-Meter-Simon-Snorkel-Hubrettungsfahrzeug mit zusätzlichem Leiteraufstieg. Fahrzeuge dieser Art sind bei den britischen Feuerwehren häufig zu finden, Chassis und Aufbauten liefern diverse britischer Hersteller, jedoch unterscheiden sich die Funktionen der Gelenkmaste nicht wesentlich voneinander.

▽

Drehleiter (DLK 30) des Hampshire Fire Service. Neben Gelenkmastfahrzeugen stehen den britischen Feuerwehren auch „normale" Drehleiterfahrzeuge zur Verfügung. Hier eine sogenannte „Turntable ladder" von HCB-Angus auf ERF-Fahrgestell mit Metz-Leiterpark. Das Fahrzeug wurde 1972 nach New Hampshire ausgeliefert.

Drehleiter (DLK 30) der BF. Birmingham. Dennis-Charmichael-Drehleiter mit Magirus-Leiteraufbau — modernes Standard-Leiterfahrzeug britischer Feuerwehren in den 80er Jahren.

Drehleiter (DLK 23-12 n.B.) der Staffordshire Fire Brigade. Natürlich halten auch in Großbritannien die modernen, niedrig gebauten Drehleiterfahrzeuge Einzug: hier ein solches Fahrzeug auf Dennis-Fahrgestell mit Camiva-Aufbau (französischer Hersteller), geliefert 1989 nach Staffordshire.

▽

Wechselaufbaufahrzeug (WAF) der Cambridge Fire Brigade. Volvo FL 6/17 mit Spezialcontainerfür den Rüst- und Rettungseinsatz.

Atemschutzfahrzeug (GW-A) der BF. Birmingham. Fahrzeug beinhaltet Material und Ausrüstung für 12 Atemschutzträger und Reservegeräte (Draeger).

Wechselaufbaufahrzeug (WAF) der BF. Birmingham. Dennis-WAF mit Pritschen-Aufbau.

Ausstellungs- und Werbeanhänger der Cleveland Fire Brigade. Ein ganz besonderes „Einsatzfahrzeug'' für die Öffentlichkeitsarbeit der Feuerwehr.

Wechselaufbau (WA) „Einsatzleitung'' der BF. Birmingham. Keyway-Einsatzleit-Container (Baujahr 1984) als Teil des Wechselbau-Systems.

Transportfahrzeug (LKW) der BF. London. Ein Mehrzweckfahrzeug für den Transport von Gerät und Material: Klein-Lastkraftwagen Dodge S 56.

Gerätewagen „Rettung'' (GW) der Fw. Dorking/Surrey. Einsatzfahrzeuge einer Spezial-Rettungseinheit für Hochhaus- und Bergrettung.

Transportfahrzeug (LKW) des West Midlands Fire Service. Commer G 1075-Lastkraftwagen für unterschiedlichste Transportzwecke.

⌂

Rüstwagen (RW 1) der Essex Fire Brigade. Rüstfahrzeug des Hilfeleistungszuges der Essex Fire & Rescue Brigade: Mercedes-Benz-Unimog 1300 für den Straßen- und Geländeeinsatz. Die Feuerwehr Essex unterhält einen Hilfeleistungszug u.a. bestehend aus Tanklöschfahrzeug, Kranwagen und Rüstfahrzeug. Diese Fahrzeuge sind in der Foto-Auswahl Großbritannien enthalten.

Bergungs- und Abschleppfahrzeug der BF. Birmingham. Ein in Großbritannien durchaus als typisch zu bezeichnendes schweres Bergungsfahrzeug für den Bergungs- und Rüsteinsatz.

Kran- und Bergungsfahrzeug (KW) der Essex Fire Brigade. Dem Hilfeleistungszug der Feuerwehr Essex gehört dieses gewaltige Kran- und Bergefahrzeug auf Scammel S 24-Fahrgestell an. Es verfügt über einen heckseitig angebrachten Kran mit einer Leistung von 20 Tonnen sowie über einen HAP-Ladekran hinter dem Fahrerhaus, dazu über eine Heck-Seilwinde. Zwei weitere Fotos des Hilfeleistungszuges der Feuerwehr Essex sind unter „Großbritannien'' zu finden.

Kleinlastwagen (LKW) der Fw. Cleveland. Auch die „einfachen'' Fahrzeuge britischer Feuerwehren sollen hier nicht vergessen werden: unser Foto zeigt ein Ford-Transit-Transportfahrzeug für unterschiedliche Aufgaben.

Mannschaftstransportwagen (MTW) der Fw. Nottingham. Mannschaftsbus Dodge 50

Mannschaftstransportwagen (MTW) der Kent Fire Brigade. Mannschaftsbus mittlerer Größenordnung auf Bedfort-Fahrgestell.

Mannschaftstransportwagen (MTW) des West Midlands Fire Service. Ein Feuerwehrfahrzeug — diesmal nicht in Rot! Dieser große Mannschaftsbus auf Dennis-Fahrgestell steht zum Transport von Feuerwehrpersonal zu Veranstaltungen, Schulungen oder Übungen zur Verfügung.

Vorausgerätewagen (VGW) des Cork City Fire Department. Grundsätzlich unterscheiden sich die Feuerwehr-Einsatzfahrzeuge in Irland nicht von denen in anderen britischen Staaten bzw. in England. Von daher sollen in der nachfolgend Fotoauswahl einige Fahrzeuge gezeigt werden, die doch besonderes Interesse verdienen: dieser Nissan-Patrol-Vorausgerätewagen zum Beispiel ist sicherlich nicht „typisch britisch'' — dafür aber durchaus sehenswert mit seiner optisch-akustischen Warneinrichtung und seiner Vorbau-Seilwinde!

IRLAND

Einsatzleit- und Mehrzweckfahrzeug (ELW/MZW) der Drogheda-Fire-Brigade. Auch „Japaner'' gibt es hin und wieder in Großbritannien: hier ein Toyota-Landcruiser mit Vorbau-Seilwinde — ein Mehrzweckfahrzeug für unterschiedlichste Aufgaben der Drogheda Fire Brigade.

Einsatzleit- und Kommandowagen (ELW/(KdoW) der Galway Fire Brigade Bei dem hier abgebildetetn Fahrzeug handelt es sich um einen Rover 9000 aus dem Jahre 1985. Das Fahrzeug wird sowohl als Einsatzleit- und Kommandowagen als auch als Rettungs- und Hilfeleistungs-Einheit eingesetzt. So ist der hintere Teil des Aufbaues für den Hilfeleistungseinsatz mit feuerwehrtechnischen Gerät und Material ausgerüstet, die Kommandozentrale befindet sich im vorderen Teil hinter der Fahrerkabine. Sicherlich ein interessantes Einsatzfahrzeug gerade für kleinere Feuerwehren, die damit zugleich mehrere Funktionen erfüllen können?!

Tanklöschfahrzeug (TLF) der Galway Fire Brigade. Hier zeigt sich kaum ein Unterschied zu den Einsatzfahrzeugen anderer britischer Staaten: das Foto zeigt einen „Water tender/ladder'' auf Dennis-Fahrgestell, Baujahr 1979.

Tanklöschfahrzeug (TLF) der Galway Fire Brigade. Tanklöschfahrzeug auf Bedfort-Fahrgestell mit einem Aufbau der britischen Firma HCB-Angus, einer der bedeutensten Hersteller von Feuerwehr-Einsatzfahrzeugen auf den britischen Inseln. Das Fahrzeug aus dem Jahre 1983 ist ausgerüstet mit einem 1.800-Liter-Löschwassertank. Interessant hier die noch montierte Glocke (siehe auch folgendes Foto), eine Warneinrichtung, die seit Anfang der 80er Jahre nicht mehr im Einsatz verwendet wird.

Tanklöschfahrzeug (TLF) der Drogheda Fire Brigade. Bedfort KGS mit Aufbau der Firma HCB-Angus in weißer Lackierung mit rotem Mittelstreifen: ausgerüstet ist das Löschfahrzeug mit 1.820-Liter-Löschwassertank sowie mit einer Feuerlöschpumpe mit Leistung von 2.270 l/min. bei 7 bar oder 225 l/min. bei 27,5 bar. Folgende Leitern führt dieses Fahrzeug mit, das in seiner Farbgebung für englische Feuerwehrfahrzeuge eher untypisch ist, in Irland jedoch häufiger zu finden ist: 13,7 Meter-Schiebeleiter (dreiteilig) 4,9 Meter-Dachleiter (einteilig) und eine 6,4 Meter-Ausziehleiter (dreiteilig). Die „ungeraden'' Maße ergeben sich aus dem englischen Maßsystem.

Rüst- und Hilfeleistungsfahrzeug (HLF/RW) der Drogheda Fire Brigade „Rescue-Unit'' — Hilfeleistungsfahrzeug für den Verkehrsunfall-Einsatz sowie für kleinere und mittlere technische Notfalleinsätze. Es handelt sich hier um eine Bedfort-Fahrzeug Typ 60 F 10 mit zusätzlicher roter Stemlight-Anlage.

Tanklöschfahrzeug (TLF) der Galway Fire Brigade. Bereits ein „Oldtimer" aus dem Jahre 1966, von der Feuerwehr Galway aber noch als Einsatzfahrzeug genutzt: Austin-Tanklöschfahrzeug!

Tanklöschfahrzeug (TLF) des Donegal County Fire Service. Bedfort-Lkw-Fahrgestell mit offenem Tankaufbau: dieses Einsatzfahrzeug wird als Tanklösch- und Zubringerfahrzeug genutzt. Der offene Tankaufbau (vermutlich Eigenaufbau eines irischen Lkw-Herstellers?!) ist nicht typisch für britische Feuerwehrfahrzeuge.

Hubrettungs-Löschfahrzeug (GM/LF) der Drogheda Fire Brigade. Kombiniertes Lösch- und Hubrettungsfahrzeug (Gelenkmast) mit Simon-Snorkel SS 50 auf einem Dennis-Fahrgestell. Fahrzeuge dieser Art können sowohl mit Einbaupumpe als auch mit Tragkraftspritzen zur Löschwasserversorgung ausgestattet sein, nur wenige Fahrzeugausführungen führen einen Wassertank von ca. 1.000 Litern Löschwasserinhalt mit.

Drehleiter (DKL 30) der BF. Dublin. Dennis/Hughes-Standard-Drehleiterfahrzeug mit Magirus-Leiterpark.

Tanklöschfahrzeug (TLF) der Staatlichen Feuerwehrschule Schottland Traditioneller „Water tender/ladder" mit Fulton & Wylie-Aufbau. Wie alle britischen Standard-Löschfahrzeuge ist auch dieses Fahrzeug mit 1.800-Liter-Löschwassertank ausgerüstet, dazu mit einer Hochdruckpumpe mit 2.250 l/min. Leistung. Für schottische Feuerwehr-Einsatzfahrzeuge gilt Gleiches wie unter „Irland" gesagt: wesentliche Unterschiede zu englischen Einsatzfahrzeuge bestehen in der Regel nicht.

SCHOTTLAND

Drehleiter (DLK 30) der Starthclide Fire Brigade. Im Dezember 1987 wurde dieses Leiterfahrzeug von der deutschen Firma Metz, Karlsruhe, nach Schottland ausgeliefert, eine 30-Meter-Drehleiter auf Dodge-Fahrgestell!

ISLAND

Hilfeleistungs-Tanklöschfahrzeug (H-TLF) der FF. Isafjodun. Ein Gruß von den Kameraden aus Island: dieses Foto wurde von der Firma Rosenbauer/Österreich zur Veröffentlichung zur Verfügung gestellt und zeigt eine Einsatzmannschaft vor ihrem Tanklöschfahrzeug auf Mercedes-Benz-Unimog 1300 L. Das Fahrzeug ist mit Monitor sowie mit einem Hilfeleistungssatz ausgestattet.

TLF 16 im Einsatz!

Deutschland

In der Bundesrepublik Deutschland bieten die jeweiligen Landesgesetze und Bestimmungen die rechtliche Grundlage für die Feuerwehren und deren Tätigwerden im Bereich des vorbeugenden Brandschutzes, des ausführenden Brandschutzes und der Hilfeleistungen.

Brandschutz in der Bundesrepublik Deutschland ist damit Ländersache und den einzelnen Fachabteilungen der Länder-Innenministerien unterstellt. Die Gemeinden und Städte werden verpflichtet, Feuerwehren und Einrichtungen für den Brandschutz vorzuhalten. Seitens der Bundesministerien (Bund) besteht kein Mitwirkungsrecht im Bereich des Brandschutz- und Feuerwehrwesens, davon ausgenommen ist der Katastrophenschutz (KatS/ZS).

Die Vorschriften der Bundesländer in Deutschland besagen, daß in Städten mit mehr als 100.000 Einwohner Berufsfeuerwehren einzurichten sind. Daneben gibt es Freiwillige Feuerwehren in kleineren Städten, in Gemeinden und auf den Dörfern. In bestimmten Fällen stehen bei größeren Freiwilligen Feuerwehren auch hauptamtliche Kräfte (z.B. Führungskräfte, Gerätewarte) zur Verfügung. In Industriebetrieben versehen Freiwillige Werkfeuerwehren oder — je nach Größe und Gefährdungspotential — auch Berufs-Werkfeuerwehren den Brandschutz.

Feuerwehren in der Bundesrepublik Deutschland gelten hinsichtlich ihrer Organisation, ihrer Ausrüstung, ihrer Ausbildung und ihrer Fahrzeugausstattung international als eine der besten und modernsten Hilfs- und Rettungseinrichtungen.

Unter dem Motto „Retten — Löschen — Bergen — Schützen'' stehen deutsche Feuerwehren im wesentlichen für folgende Aufgaben zur Verfügung: Vorbeugender Brandschutz, Brandbekämpfung, Technische Hilfeleistung, Aufgaben im Rahmen des Umweltschutzes, Rettungs- und Krankentransportdienst und Katastrophenschutz.

Voraus- und Meldekrad der FF. Überlingen/Bodensee. BMW-Motorrad, das bei der Überlinger Feuerwehr zur Vorausabklärung bei Schadensfällen

Einsatzleitwagen (ELW) der WF. Schiesser. Älteres Einsatzleit- und Führungsfahrzeug der Werksfeuerwehr Schiesser/Radolfzell.

Einsatzleit- und Führungsfahrzeug (ELW/FüF). Unsere beiden Fotos zeigen den Opel-Omega (Limousine, links) mit einer akustisch-optischen Warnanlage RTK 4-SL von Hella, rechts den Omega-Caravan mit einer Warnanlage von Wandel & Goltermann.

Einsatzleit- und Führungsfahrzeug (ELW/FüF) der FF. Friedrichshafen. Mercedes-Benz 230 TE, aus dem Jahre 1984.

Einsatzleitwagen (ELW 1) der FF. Friedrichshafen. Einsatzleit- und Kommandofahrzeug Mercedes-Benz 210 aus dem Jahre 1986 , Ziegler.

Einsatzleitwagen (ELW 2) der WF. BASF Ludwigshafen/Rhein. Kommandofahrzeug und Mobile Einsatzleitzentrale auf Mercedes-Benz 608 D.

Einsatzleitwagen (ELW 3) der BF. Nürnberg. Größte Ausführung der DIN-ELW: MAN-Bus SÜ 240 mit MAN-Aufbau, Bachert-Innenausbau.

Für diese zum Teil recht unterschiedlichen Aufgabenbereiche werden bei den Feuerwehren der Bundesrepublik Deutschland entsprechende Feuerwehr-Einsatzfahrzeuge bereitgehalten, die im wesentlichen der „Deutschen Industrie-Norm'' (DIN) unterliegen. Die DIN legt bis in kleinste Details die Ausrüstung und Ausstattung der Einsatzfahrzeuge fest und bildet damit auch die Grundlage für die finanzielle Förderung bei der Anschaffung eines Fahrzeugs bzw. des feuerwehrtechnischen Materials.

Bei größeren Feuerwehren und vor allem bei den Berufsfeuerwehren der großen Städte (z.B. Frankfurt, Hamburg, München) findet man zunehmend Einsatzfahrzeuge, die nicht dieser Norm unterliegen und die speziell nach den Bedürfnissen und Erfordernissen der jeweiligen Wehr konstruiert und gebaut werden.

Das Fahrzeugangebot in der Bundesrepublik Deutschland gliedert sich im wesentlichen in die Bereiche „Löschfahrzeuge'' (Löschgruppenfahrzeuge, Tragkraftspritzenfahrzeuge, Tanklöschfahrzeuge, Trocken- und Trockentanklöschfahrzeuge sowie sonstige Löschfahrzeuge), „Hubrettungsfahrzeuge'' (Drehleitern, Gelenkmaste, u.a.), „Rüst- und Gerätewagen, Schlauchwagen, Sanitätsfahrzeuge und sonstige Feuerwehrfahrzeuge'' (z.B. Mannschaftswagen, Einsatzleitwagen, Kranwagen). Dazu kommen Sonderfahrzeuge aller Art, die in großen Industriebetrieben, auf Flughäfen, beim Militär oder bei bestimmten Sicherheitsdiensten eingesetzt werden. In der Regel sind solche Fahrzeuge nicht genormt. Neueste Entwicklungen sehen vor, Tragkraftspritzen- und Löschgruppenfahrzeuge künftig grundsätzlich mit Löschwassertank auszustatten.

Die Bundesrepublik Deutschland verfügt über eine leistungsfähige, weltweit bekannte Feuerwehr-Fahrzeugindustrie, die nicht nur Normfahrzeuge nach den Richtlinien der Länder herstellt, sondern in großem Maße auch Sonderfahrzeuge für die obengenannten Bereiche konzipiert und liefert.

Feuerwehren in aller Welt werden mit Fahrzeugen deutscher Firmen beliefert, dieses Buch bietet dazu vielfältige Einblicke.
So sind es die Firmen Metz (Karlsruhe), Ziegler (Giengen), Schlingmann (Dissen), Iveco-Magirus (Ulm) und die heute nicht mehr existierende Firma Bachert (Bad Friedrichshall), die den größten Teil deutscher Feuerwehrfahrzeuge produziert haben.

Aus den leitenden Mitarbeitern von Bachert hat sich ein neuer Hersteller von Feuerwehrfahrzeugen rekrutiert: die Firma Geisselmann-Feuerwehr-Technik (GFT). Zahlreiche kleinere Unternehmen und Aufbauhersteller sowie die bekannten Pkw- und Lkw-Hersteller vervollständigen das Angebot an Fahrzeugen, Aufbauten und Ausrüstungen in Deutschland.

In der **ehemaligen DDR** war der Brandschutz integrierter Bestandteil aller staatlichen und gesellschaftlichen Tätigkeit auf der Grundlage des „Gesetzes über den Brandschutz'' vom 19. Dezember 1974 und der dazu erlassenen spezifischen Rechtsvorschriften.

Danach unterstanden die Feuerwehren dem Ministerium des Innern und zugleich dem Chef der Deutschen Volkspolizei. Die dort angesiedelte „Abteilung Feuerwehr'' setzte Gesetz und Vorschriften in die Praxis um — verantwortlich für den Brandschutz vor Ort waren alle gesellschaftlichen Kräfte bis in kleinste Bereiche. Letztendlich war es der Bürger selbst, der die Sorge für einen funktionierenden Brandschutz trug.

In allen Bezirks- und Kreisstädten, in Gemeinden und Dörfern bestanden Feuerwehr-Abteilungen — in den größeren Städten sogenannte „Kommandos der Feuerwehr''. Darüber hinaus standen Feuerwehren in Betrieben, auf Flughäfen, in Seehäfen und in besonders ausgewiesenen Sicherheitsbereichen zur Verfügung. Wie in der Bundesrepublik Deutschland kannte auch die DDR die Freiwilligen Feuerwehren, die Berufs- und Werkswehren in ihrer grundsätzlichen Organisation.

Es gab rund 8.000 Freiwillige Feuerwehren mit rund 350.000 Angehörigen, dazu etwa 5.000 Betriebswehren mit ca. 120.000 Männern und Frauen — damit waren rund 60% des gesamten Potentials im Lande abgedeckt.

Alle Feuerwehren verfügten über eine einheitlich genormte, zweckentsprechende und den Anforderungen genügende feuerwehrtechnische Ausrüstung. Sie war im wesentlichen standardisiert und typisiert. Dies galt in Sonderheit auch für die Feuerwehr-Einsatzfahrzeuge.

Man verfügte über eine eigene Feuerwehr-Fahrzeugindustrie, die den gesamten Grundbedarf an Einsatzfahrzeugen abdeckte. Bestimmte Sonderfahrzeuge, Großlöschfahrzeuge oder Aufbauten wurden — abgesehen von Sonderfahrzeugen aus westlicher Produktion — nur aus der CSFR beschafft.

Tragkraftspritzenfahrzeug (TSF) der FF. Orsingen-Nenzingen. Die kleinste, taktisch unabhängige Löscheinheit deutscher Feuerwehren.

Tragkraftspritzenfahrzeug-Wasser (TSF-W). Der Tank faßt 350 Liter Löschwasser, die für einen Erstangriff entscheidend sein können.

Löschgruppenfahrzeug (LF 8) der FF. Waldulm. Bis vor Kurzem im Einsatz: ein Ford mit Metz-Aufbau, (Baujahr 1952).

Löschgruppenfahrzeug (LF 8) der FF. Lauf/Baden. Nur zwei Exemplare sollen von dem LF 8 mit Bachert-Aufbau hergestellt worden sein, (1954).

Löschgruppenfahrzeug (LF 8) der FF. Rheinbischofsheim. Mercedes-Benz 608 D aus dem Jahre 1975. Aufbau von der Firma Metz/Karlsruhe.

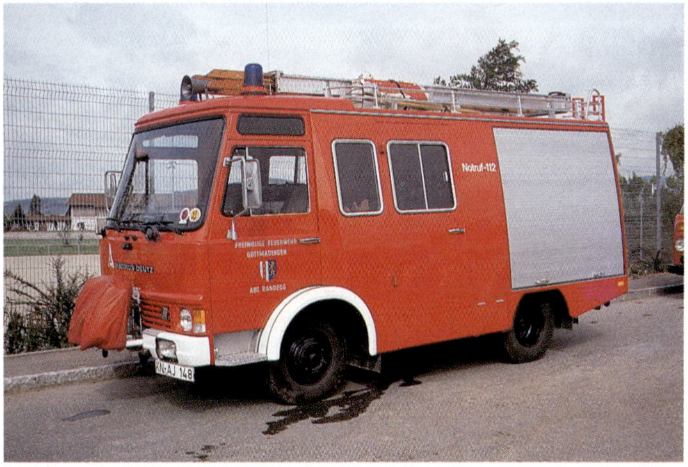

Löschgruppenfahrzeug (LF 8) der FF. Gottmadingen-Randegg. Leichtes Feuerlöschfahrzeug auf Magirus-Deutz/Iveco 90 aus dem Jahre 1976.

Löschgruppenfahrzeug (LF 8) der FF. Mühlingen-Zoznegg. Modernes Löschfahrzeug auf der neuen Mercedes-Benz-Klasse 814, Ziegler.

Löschgruppenfahrzeug (LF 8) der FF. Orsingen-Nenzingen. Schweres Löschgruppenfahrzeug auf Iveco-Magirus 130 D 7 aus dem Jahre 1988.

Löschgruppenfahrzeug (LF 16-TS) der FF. Singen/Hohentwiel. Mercedes-Benz 1113 mit Ziegler-Aufbau und einer Vorbaupumpe 16/8 (1.600 l/min. Pumpenleistung). Das Fahrzeug ist für eine Löschgruppe (1+8 Personen Besatzung) vorgesehen. Baujahr 1966.

Löschgruppenfahrzeug (LF 16-TS) der FF. Mössingen. Ebenfalls ein Mercedes-Benz auf 1113-Fahrgestell und mit einem Aufbau der Firma Ziegler. Das im wesentlich gleich ausgerüstete Fahrzeug ist im Gegensatz zu dem vorstehend gezeigten LF 16-TS mit Geräteraum-Rolladen versehen.

Löschgruppenfahrzeug (LF 16-TS). Ziegler-DIN-Löschfahrzeug mit Vorbaupumpe 16/8 auf Mercedes-Benz 917 — ein modernes Löschfahrzeug der neuesten Fahrzeuggeneration bei den deutschen Feuerwehren.

Löschgruppenfahrzeug (LF 16-TS) der FF. Hornberg. Mercedes-Benz 1222 mit Ziegler-Aufbau und Vorbaupumpe 16/8.

Löschgruppenfahrzeug (LF 16) der BF. Köln. Auf einem Ford-Cargo-Fahrgestell 1520 lieferte Ziegler das LF 16 an die Berufsfeuerwehr Köln.

Löschgruppenfahrzeug (LF 16) der FF. Bodelshausen. Mercedes-Benz 1113 mit Aufbau der Firma Bachert/Friedrichshall (die Firma existiert nicht mehr). Das Löschgruppenfahrzeug 16 ist bei den deutschen Feuerwehren Standardfahrzeug im sogenannten „Drei-Fahrzeug-Löschzug''.

Löschgruppenfahrzeug (LF 16) des neugegründete Fahrzeugherstellers „Geisselmann Feuerwehr Technik'' (GFT): LF 16 auf MAN 12.192

Löschgruppenfahrzeug (LF 24) der BF. Stuttgart. Mercedes-Benz 1632, ausgerüstet mit 2.400-Liter-Löschwassertank sowie 500 Liter Schaumlöschmittel.

Tanklöschfahrzeug (TLF 15) der FF. Dinkelsbühl. Magirus-Deutz-„Rundhauber'' aus dem Jahre 1955, im Heckbereich noch mit einem offenen Pumpenstand ausgerüstet. Ebenfalls offen liegen die zwei Schnellangriffshaspeln. In späteren Jahren wurde der Fahrzeugaufbau komplett geschlossen.

Löschgruppenfahrzeug (LF 16) der WF. Zirkus Busch-Roland. MD 150, Baujahr 1967: das LF kam 1983 von der Berliner Feuerwehr zu Busch-Roland.

Tanklöschfahrzeug (TLF) der WF. Zirkus Krone. Auch das Unternehmen „Krone''/München unterhält ein eigenes Löschfahrzeug.

Schlauchwagen (SW) der WF. Zirkus Busch-Roland. Magirus-Deutz 120 aus dem Jahre 1966, als Schlauchwagen (SW 1000) seit 1983 beim Zirkus!

Tanklöschfahrzeug (TLF 16) der WF. Zirkus Roncalli. Das Fahrzeug aus dem Jahre 1952 ist mit einem 3.500-Liter-Löschwassertank ausgerüstet.

Tanklöschfahrzeug (TLF 16-T) der FF. Munster. Mercedes-Benz 322 mit Metz-Aufbau (1950/51). Fahrzeuge dieser Art wurden speziell für die Feuerwehren Niedersachsens entwickelt und gebaut. Das gezeigte Fahrzeug mit Truppfahrerhaus ist ausgerüstet mit einem 2.800-Liter-Löschwassertank.

Tanklöschfahrzeug (TLF 16) der FF. Singen/Hohentwiel. Mercedes-Benz 3-12 mit einem Aufbau der Firma Metz, gebaut im Jahre 1959.

Tanklöschfahrzeug (TLF 16) der FF. Blumberg. Für deutsche Feuerwehren typisches Tanklöschfahrzeug auf Magirus-Deutz 170.

Tanklöschfahrzeug (TLF 16) der FF. Munster. Modernes TLF nach DIN auf Mercedes-Benz 1017 mit Metz-Aufbau, ausgestattet mit FLP 16/8 (Leistung 1.600 l/min.).

Tanklöschfahrzeug (TLF 24/50). Ivevo/Magirus mit 5.000-Liter-Löschwassertank und mit 500 Litern Schaumlöschmittel.

Tanklöschfahrzeug (TLF 8) der FF. Friedrichshafen. Iveco-Magirus 75-16-DIN-Fahrzeug mit Magirus-Aufbau und 2.400-Liter-Löschwassertank.

Tanklöschfahrzeug (TLF 8). Geisselmann-Fahrzeugtechnik: Mercedes-Benz 917 mit 1.800-Liter-Tank und FLP (Leistung 2.400 l/min. bei 8 bar).

Tanklöschfahrzeug (TLF 1000) der WF. Steinmüller/Gummersbach. Mercedes-Benz 709 (1989), 1.000-l-Löschwasser, 100 l Schaumlöschmittel.

Tanklöschfahrzeug (TLF 8) der WF. Fischer/Singen. Mercedes-Benz 814 mit Ziegler-Aufbau, vergleichbares Fahrzeug mit dem oben gezeigten TLF 8.

Tanklöschfahrzeug (TLF 16/25). Eine neue Fahrzeuggeneration: auf der „Interschutz '88" in Hannover zeigte die Firma Metz erstmalig ihr neuentwickeltes Tanklöschfahrzeug auf Mercedes-Benz 1222 mit 2.500-Liter-Löschwassertank und möglichem Einbau eines 200-Liter-Schaummitteltanks.

Großtanklöschfahrzeug (GTLF 18) der BF. Frankfurt/Main. Faun LF 1412/57 mit 18.000 Liter Löschwasser und 2.000 Liter Schaumlöschmittel.

Großtanklöschfahrzeug (GTLF/ZB 6) der BF. Fulda. Magirus-Deutz 200 aus dem Jahre 1976 mit 5.500-Liter-Löschwasser und 500-Liter-Schaummitel

Großtanklöschfahrzeug (GTLF) der FF. Ettlingen. Ehemaliger Wasserwerfer (WaWe) der hessischen Polizei aus dem Jahre 1959, Aufbau Stadler.

Großtanklöschfahrzeug (GTLF/ZB 6) der FF. Landstuhl. Auch Pfälzer Feuerwehren haben später das hessische GTLF übernommen.

Großtanklöschfahrzeug (GTLF) der FF. Singen/Hohentwiel. Eine Sonderentwicklung der Firma Haller nach Angaben der Singener Feuerwehr: Mercedes-Benz 1413 aus dem Jahre 1966. Das 126 PS-Fahrzeug ist ausgerüstet mit einem 6.000-Liter-Löschwassertank und einem Monitor.

Basisfahrzeug 1 der BF. Ludwigshafen/Rhein. Aufgrund der immer zahlreicher werdenden Fahrzeugentwicklungen in Richtung Sonderfahrzeuge entschlossen sich die Hersteller deutscher Feuerwehr-Einsatzfahrzeuge zur Entwicklung eines Hilfeleistungslöschfahrzeug, einer Kombination aus Lösch- und Rüstfahrzeug. Das „Basisfahrzeug-Konzept'' sah insgesamt Fahrzeuge dreier Größenordnungen vor. Hier zunächst das „Basis 1'' bezeichnete Fahrzeug auf Ford Transit FT 190 der Berufsfeuerwehr Ludwigshafen/Rhein. Vorgesehen für diese Größenordnung ist ein serienmäßiges Kastenfahrzeug leichter Bauart. Das Basisfahrzeug 1 ist ausgestattet mit einem 500-Liter-Löschwassertank, einer Tragkraftspritze 8/8, einer Schnellangriffeinrichtung und der Atemschutzausrüstung für die Besatzung. Das hier gezeigte Fahrzeug wurde 1987 gebaut.

Basisfahrzeug 2. Mittelschweres Lösch- und Hilfeleistungsfahrzeug, das die bisherigen Fahrzeugtypen LF 8, TLF 8 und RW 1 zusammenfaßt und ersetzt. Hier ein Metz-Fahrzeug auf Mercedes-Benz 811 D mit 1.000-Liter-Löschwassertank, 100 Liter Schaummittel, einem Stromaggregat mit 8 kVA Leistung sowie mit Hilfeleistungsgerät. Die mitgeführte Feuerlöschkreiselpumpe (FP 16/8) leistet 1.600 l/min. bei 8 bar.

Basisfahrzeug 3 der BF. Mönchengladbach. Mercedes-Benz 1625 mit 2.000-Liter-Löschwassertank, 200 Liter Schaumlöschmittel, 8 kVA-Stromerzeuger, Feuerlöschpumpe FP 24/8, Wasser/Schaumwerfer (Dach) sowie einer umfangreichen Ausstattung für technische Hilfeleistung und Gefahrguteinsatz. Das Fahrzeug „Basis 3'' faßt LF 16, TLF 16 und RW 2 zusammen.

Schlauchwagen (SW) der WF. BASF Ludwigshafen/Rhein. Ein den speziellen Bedürfnissen der BASF-Werksfeuerwehr nach ausgerüsteter SW 2.000, der zusätzlich mit mobilem Wasserwerfer (Fahrzeugfront) bestückt ist. Es handelt sich hier um einen Mercedes-Benz 1113 mit Metz-Aufbau in dunkelroter Farbgebung (RAL 3003).

Schlauchwagen (SW) der BF. Fulda. Mercedes-Benz 1113 als genormter Schlauchwagen (SW 2000) in „hessischer Farbgebung'' (RAL 3024/weiß). Die Zahl „2000'' bezeichnet die im Fahrzeug mitgeführte Schlauchmenge (Meter).

Schlauchwagen (SW) der FF. Singen/Hohentwiel. Eigenbau-Fahrzeug auf Mercedes Benz-Pritsche, bestückt mit vier Schlauchhaspeln á 200 Meter B-Schlauch. Das Fahrzeug soll in Kürze ausgesondert werden. Ersetzt wird es durch einen Schlauchwagen auf Mercedes-Benz 1017-Pritsche. Auch bei dem neuen Fahrzeug wird es sich um einen Eigenaufbau handeln (ehemaliges LF 16).

Drehleiter (DL 30) der FF. Göppingen. Magirus 125-„Rundhauber'' mit 30-Meter-Magirus-Leiterpark.

Drehleiter (DL 30 mit Korb) der FF. Singen/Hohentwiel. Metz-Leiter auf Mercedes-Benz 1313 aus dem Jahre 1970, 4x 500 Watt-Scheinwerferanlage.

Drehleiter (DLK 23-12 n.B.). Drehleiter niederer Bauart (n.B.) auf Magirus 120-25. Maße: 2,85 Meter hoch und 2,35 Meter breit.

Drehleiter (DLK 23-12 SE) der FF. Villingen-Schweningen. Die Antwort auf die zuvor gezeigte DLK 23-12 n.B.: Soforteinstieg (SE) der Firma Metz.

Drehleiter (DL 50). Drehleiter auf Iveco/Magirus 260-30 Fahrgestell mit 53 Metern Arbeitshöhe (bei einer Ausladung von 6 Metern).

Leiterbühne (LB 30) der BF. Frankfurt. Modernstes Hubrettungsfahrzeug mit niedrig gesetzter Fahrerkabine.

Teleskopmast (TM) der BF. Innsbruck. Teleskopmast „TL 30/20'' des deutschen Herstellers Georg Kirsten GmbH, auf vierachsigem Spezialfahrgestell.

Gelenkarm (GLA 30) der WF. Bayer/Leverkusen. Mercedes-Benz 2636 mit 30-Meter-Löscharm, 2 Schaummitteltanks á 1.000 Liter Schaummittel.

Flugfeld-Vorauslöschfahrzeug (FLF/VLF) der FlFw. Berlin-Tegel. Schnelles Vorauslöschfahrzeug (Schnellangriffsfahrzeug) auf „Dodge-Cheetah'' mit Rosenbauer-Aufbau. Das Fahrzeug führt einen Löschwasservorrat von 960 Litern sowie einen Schaummittelvorrat von 160 Liter mit sich, zusätzlich ist es mit 60 kg Halon-Löschmittel ausgestattet. Die kombinierte Hoch- und Normaldruckpumpe leistet 1.700 l/min. bei 10 bar und 250 l/min. bei 40 bar.

Flugfeldlöschfahrzeug (FLF) „Z 1''. 1988 wurde der „Z 1'' von der Firma Ziegler (Kooperation mit Faun) auf der „Interschutz '88'' der Öffentlichkeit vorgestellt. Das moderne Großtanklöschfahrzeug für den Einsatz auf Flughäfen ist ausgestattet mit einem 9.200-Liter-Löschwassertank sowie mit zwei 800-Liter-Schaummitteltanks. Die Feuerlöschpumpe (FP 60/10-2) hat eine Leistung von 5.000 l/min. bei 10 bar oder 2.500 l/min. bei 10 bar (umschaltbar), die Wurfweiten des Monitors liegen bei 80 Metern (je nach Pumpenleistung zwischen 55 und 80 Metern). Im Fahrzeugbug ist ein Frontwerfer verdeckt eingebaut. Eine Selbstschutzanlage schützt das Fahrzeug im Einsatzfall mit je 75 l/min. (per Düse). Versehen ist das Löschfahrzeug auch mit zwei Schnellangriffshaspeln (je 30 Meter Schlauchlänge).

Flugfeld-Großtanklöschfahrzeug (FLF/GTLF) der FlFw. Frankfurt/Main. Der „legendäre Simba 8x8'' auf Titan TR 45.1250 mit Rosenbauer-Aufbau: 11.000 Liter Löschwasser, 2x 600 Liter Schaummittel und 2.000 kg Trockenlöschmittel führt dieses Flugfeldlöschfahrzeug mit sich. 1986 wurden fünf Fahrzeuge auf dem Frankfurter Flughafen in Dienst gestellt, der Münchener Flughafen erhielt später zwei Fahrzeuge dieses Typs.

Flugfeldlöschfahrzeug (FLF 60/90) der FlFw. Bremen. 1988 wurde dieses FLF vom Typ MAN 8x8 an den Bremer Flughafen ausgeliefert. Es führt mit sich einen 9.000-Liter-Löschwassertank, 950 Liter Schaumlöschmittel und eine Rosenbauer-Feuerlöschpumpe (R 600) mit einer Leistung mit 6.000 l/min. bei 12 bar. Der Dachmonitor weist eine Wurfweite von 3.700 l/min. auf, der Frontmonitor eine Leistung von 1.000 l/min. Die Wurfweite des Werfer (Dach) liegt etwa bei 75 Meter.

Flugfeldlöschfahrzeug (FLF) der FlFw. Berlin-Tegel. Sides-Großtanklöschfahrzeug vom Typ 28.500 6x6 („Sides 2000'') mit einem Motor GM 8 V 92 T Diesel. Das Fahrzeug erreicht eine Höchstgeschwindigkeit von 105 km/h (80 km/h in 35 Sekunden). Es ist ausgerüstet mit einem 9.100-Liter-Löschwassertank und mit 1.100 Liter Schaumlöschmittel, dazu mit einer Feuerlöschpumpe mit 6.000 l/min. Leistung (12 bar). Die Feuerwehr des Flughafens Berlin-Tegel unterstand der französischen Besatzungsmacht, von daher auch die Wahl des französischen Sides-Löschfahrzeugs.

Flugfeld-Großlöschfahrzeug (FLF). „Firehunter'' nennt sich das neue Großlöschfahrzeug, das von der Firma Metz auf der „Interschutz '88'' der Öffentlichkeit vorgestellt wurde. Das Fahrzeug ist aufgebaut auf ein seriennahes Mercedes-Benz-Fahrgestell 32/50 mit einer Leistung von 500 PS. Es ist ausgerüstet mit einem 9.000-Liter-Löschwassertank, 700 Liter Schaumlöschmittel, 1.000 kg Löschpulver sowie 100 kg Halon-Löschmittel.

Wechselaufbaufahrzeug (WAF) „Umweltschutz" der BF Essen. Gerade bei den deutschen Berufsfeuerwehren findet das Wechselaufbau- bzw. Abrollsystem zunehmende Anerkennung: hier ein Atlas-Abrollkipper auf Mercedes-Benz 1928 mit einem Gerätecontainer (Wechselaufbau) „Umweltschutz". Zahlreiche weitere Wechselaufbauten stehen für dieses System bei der Berufsfeuerwehr Essen genauso wie bei anderen Wehren zur Verfügung.

Vorausgerätewagen (VGW) der FF. Friedrichshafen/Bodensee. Mercedes-Benz 230 T mit Ziegler-Aufbau. Das 1976 erbaute Fahrzeug ist ausgerüstet mit Rettungsgeräten wie Schere, Spreizer incl. 2-Takt-Aggregat, dazu mit Beleuchtungseinrichtungen, Löschgeräten und Alarmplänen. Eingesetzt wird der Vorausgerätewagen (Vorausrüstwagen) in der Regel bei Verkehrsunfällen und bei technischen Notfällen.

Vorausrüstwagen (VRW) der FF. Achern. Modernes Hilfeleistungsfahrzeug aus Range-Rover mit einem Aufbau bzw. mit Ausrüstung der Firma Barth.

Vorausrüstwagen (VRW) der FF. Mössingen. Version auf Mercedes-Benz 280 GE mit einem Aufbau und mit Ausrüstung der Firma Ziegler.

Rüstwagen (RW 1). Modernes Rüstfahrzeug auf Iveco-Magirus 75-13 mit DIN-Ausrüstung für den Rettungs- und Hilfeleistungseinsatz.

Rüstwagen (RW 1-KATS) der FF. Feuerwehr Friedrichshafen-Ailingen. Mercedes-Benz-Unimog 1300 L (LZ-R) des Katastrophenschutzes, Lentner.

Rüstwagen (RW 2) der FF. Singen/Hohentwiel. Mercedes-Benz 1113 Aufbau der Firma Ziegler (1970) mit hydraulischem Lichtmast (2x 1000 Watt).

Rüstwagen (RW 2) der BF. Kaiserslautern. Eine weitere Version des Rüstwagens auf Magirus-Deutz-Fahrgestell.

Rüstwagen (RW 2) der FF. Munster. Mercedes-Benz 1222 mit einem Aufbau der Dissener Firma Schlingmann.

Rüstwagen:'Bodensee'' (RW 2-Kran) der FF. Radolfzell. Mercedes-Benz 1113 mit Ziegler-Sonderaufbau für die Ölwehren des nördlichen Bodensees.

Rüstwagen (RW 3) der WF. BASF Ludwigshafen/Rhein. Schweres Rüstfahrzeug auf Mercedes-Benz 1626 mit Truppfahrerhaus.

Rüstwagen (RW 3) der BF. Hamburg. Schweres Rüstfahrzeug mit Bachert-Aufbau auf Mercedes-Benz 1313 (Truppfahrerhaus) aus dem Jahre 1976.

Gerätewagen (GW-„Luftüberwachung") der WF. BASF Ludwigshafen/ Rhein. Sonderfahrzeug der BASF-Werksfeuerwehr zur Luftüberwachung.

Gerätewagen (GW-G) der FF. Friedrichshafen. Iveco-Magirus 80-16 mit Ziegler-Aufbau aus dem Jahre 1986.

Kranwagen (KW 16) der BF. Karlsruhe. Das Arbeitstier unter den Feuerwehrfahrzeugen: Magirus-Deutz-Kranwagen mit 16 Tonnen Hubkraft — das für deutsche (Berufs)feuerwehren typische Kran- und Bergefahrzeug der 60er und 70er Jahre. Baujahr 1963, Magirus-Deutz-Uranus .

Kranwagen (KW 35) der FlFw. Berlin-Tegel. Ehemaliger Baustellenkran des Typs PPM, mit einer Maximalleistung von etwa 16 Tonnen.

Kranwagen (KW 25) der BF. Hannover. Modernes Kranfahrzeug in Tagesleuchtrot (RAL 3024): 25-Tonnen-Kran auf Krupp-Fahrgestell.

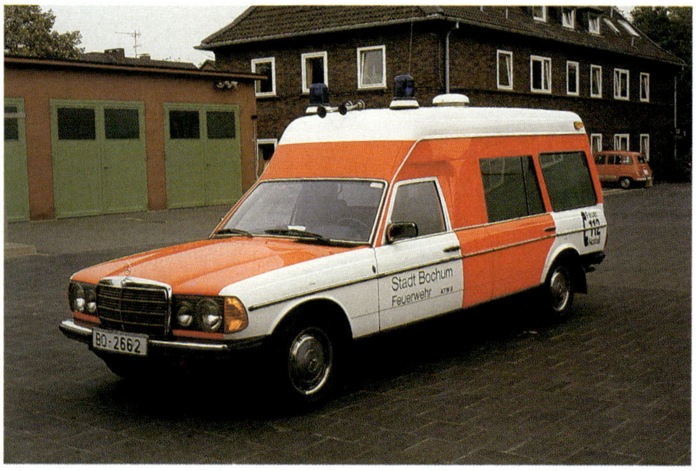

Krankentransportwagen (KTW) der BF. Bochum. Diese Seite zeigt einige Krankentransport- und Rettungsfahrzeuge der deutschen Feuerwehren. Berufsfeuerwehren in den großen Städten der Bundesrepublik und zum Teil Freiwillige Wehren sind im Rettungsdienst und Krankentransport ihrer Region integriert und halten feuerwehreigene Fahrzeuge für diese Aufgabe vor. Die unterschiedlichen Größenordnungen, Typen und Ausführungen können hier nur in wenigen Beispielen gezeigt werden. Die Ausstattungen der Fahrzeuge entspricht den Vorschriften (DIN), zum Teil werden darüber hinaus Geräte und Material mitgeführt. Hier ein Krankentransportwagen der Berufsfeuerwehr Bochum auf Mercedes-Benz mit Miesen-Aufbau und -ausstattung. Eingesetzt wird das Fahrzeug zum Transport von liegenden und sitzenden Kranken und Verletzten, jedoch in der Regel nicht für Notfalltransporte.

Rettungswagen (RTW) der BF. Bochum. Für den Notfalltransport Verletzter oder lebensbedrohlich Erkrankter stehen Rettungswagen zur Verfügung. Ihre Ausrüstung macht eine fachliche Behandlung während des Transports möglich. Schon die Größe des Behandlungsraumes läßt eine weitgehend unbehinderte Arbeit von Rettungsdienstpersonal und gegebenenfalls eines Notarztes (NAW) zu.

Rettungswagen (RTW) der BF. Hamburg. Eine andere Version eines Rettungswagens — hier auf Mercedes-Benz 310 D (Binz-Aufbau). Dieses etwas kleinere und wendigere Fahrzeug wird zunehmend im städtischen Bereich eingesetzt. Bei der Berufsfeuerwehr Hamburg rückt der RTW zusammen mit dem Löschzug der Feuerwehr aus. Rettungswagen können unter Hinzuziehung eines Notarztes zur Besatzung auch als Notarztwagen (NAW) eingesetzt werden.

Großrettungswagen (GRTW) der BF. Hamburg. Eingesetzt wird dieser mit Sitzmöglichkeiten und Tragen für liegende Patienten ausgestattete Großrettungswagen hauptsächlich bei Großschadensfällen im Stadtgebiet Hamburgs. Auch bei vorübergehenden Evakuierungen leistete er bereits gute Dienste. In Einzelfällen wird der von Mercedes-Benz ausgerüstete Großrettungs- und krankentransportwagen auch für Krankenverlegungen von Krankenhaus zu Krankenhaus genutzt.

Universallöschfahrzeug (ULF 1000/2000/1000) der WF. DOW-Chemical/Rheinmünster. Die folgenden drei Fotobeispiele zeigen Feuerwehr-Einsatzfahrzeuge von Werkfeuerwehren in Deutschland — Fahrzeuge, die vom Aufbau und von der Ausstattung her als Sonderlöschfahrzeuge ausgewiesen wurden und die in der Regel speziell für den Bedarf des genannten Unternehmens konzipiert sind. Hier ein Löschfahrzeug mit Aufbau der Firma Rosenbauer/Österreich — ausgestattet mit 1.000-Liter-Löschwassertank, 2.000-Liter-Schaummitteltank und 1.000 kg. Pulverlöschmittel. Die eingebaute Feuerlöschpumpe (R 600) leistet 6.000 l/min. bei 10 bar. Sonstige Ausstattung des 1989 ausgelieferten Sonderfahrzeugs: Monitor R 60 mit ausgesetzem Pulverrohr, 20 kVA-Generator und Lichtmast (2x 1500 Watt).

Universallöschfahrzeug (ULF 5000/500/750) der WF. Ciba-Geigy, Wehr. Ebenfalls ein Sonderlöschfahrzeug auf MAN 19.242 — mitgeführt werden 4.500 Liter Löschwasser, 500 Liter Schaummittel und 750 kg Löschpulver. Die Wasserpumpe (R 600) leistet 6.000 l/min. bei 10 bar, die Schaummittelpumpe (R 60) 440 l/min. bei 16 bar. Auch dieses Fahrzeug ist mit Monitor (RM 24), 20 kVA-Generator und Lichtmast (4x 1000 Watt) ausgerüstet.

Schaumlöschfahrzeug (SLF 8000) der WF. OMW Karlsruhe. Mercedes-Benz 2228 mit 8.000-Liter-Schaummitteltank und einer Pumpe (R 600) mit 6.000 l/min. Leistung bei 10 bar. Die Schaummittelpumpe (R 60) leistet 440 l/min. bei 16 bar.

Feuerlösch-Kraftfahrzeug (Fl-KFZ 1000) der Bundeswehr. Mercedes-Benz-Unimog 1300 L mit einem Aufbau der Firma Metz/Karlsruhe. Das Fahrzeug ist ausgerüstet mit einem 1.000-Liter-Löschwassertank, 60 Litern Schaumlöschmittel, 50 kg Löschpulver sowie mit einer Eigenschutz-Anlage.

Trockenlöschfahrzeug (TroLF/FlKfz 3000) der Bundeswehr. Hier der Prototyp I des 1976 erbauten TroLF 3000 auf Faun LF 16.30/45 VA, ausgestattet mit einem Kugeldruckbehälter für 3.000 kg Löschpulver, das mit einem Druck von 30 bar ausgestoßen werden kann (Werfer 35 kg/sec., 45 Meter Weite). Die ab 1978 gebauten Nachfolgetypen dieses Fahrzeugs erhalten einen veränderten Geräteaufbau: die Geräteräume werden in zwei Ebenen angeordnet, die Rolladenverschlüsse sind nicht mehr durchgängig von oben nach unten angelegt. Das gezeigte Fahrzeug wurde von Total/ArGe Bachert/Ziegler gebaut, es diente als Ergänzungsfahrzeug zum FlKfz 8000 der Bundeswehr.

Feuerlösch-Kraftfahrzeug (FlKfz 3500) der Bundeswehr. Faun 22.30/45 V mit 3.500-Liter-Löschwassertank sowie mit 280 Liter Schaumlöschmittel.

Feuerlösch-Kraftfahrzeug (FlKfz 8000) der Bundeswehr. Hier das Größte bei der Bundeswehr eingesetzte Löschfahrzeug auf Faun LF 40.30 2/48 V mit einem Schörling-Aufbau (Entwicklung: Saval-Kronenburg), Baujahr ab 1976. Das Fahrzeug führt 8.100 Liter Löschwasser mit sich, dazu 900 Liter Schaumlöschmittel. Das Wenderohr auf dem Dach des FlKfz leitet 2.000 bzw. 4.000 l/min. (Löschwasserausstoß) und 16.000 bzw. 32.000 l/min. (Schaumausstoß). Die Wurfweiten betragen 75 und 70 Meter. Das Fahrzeug ist mit Eigenschutzanlage ausgestattet.

Schnellangriffsfahrzeug (SLF/FLF) der britischen Militär-Feuerwehr. Range-Rover aus dem Jahre 1988 mit einem Aufbau der englischen Firma Carmichael: typisches, schnelles Vorauslöschfahrzeug, wie es auf Flugplätzen der britischen Streitkräfte in Deutschland stationiert ist.

Tanklöschfahrzeug (TLF/FLF) der britischen Militär-Feuerwehr. Dennis-Mark 9 mit Aufbau des Herstellers Carmichael aus dem Jahre 1979/80. Das Fahrzeug („Primary Foam Truck") wird bei den Feuerwehren der britischen Militärflughäfen in Deutschland eingesetzt und ist mit einem 5.700-Liter-Löschwassertank sowie 490 Liter Schaummittelkonzentrat ausgerüstet.

Einsatzleitwagen (ELW) der US-Airforce-Feuerwehr Kaiserslautern. Dodge-Führungsfahrzeug des Stellvertretenden Feuerwehr-Kommandanten.

Tanklöschfahrzeug (TLF) der US-Airforce-Feuerwehr Kaiserslautern. Das zweite dieser Art in Kaiserslautern eingesetzte Fahrzeug: Ford 750 mit 300 Gallonen Wasser und einer Schaumlöschmittelmenge von 55 Gallonen. Das von Ward LaFrance gebaute Fahrzeug ist mit zwei Schnellangriffseinrichtungen versehen sowie mit einer Feuerlöschpumpe mit einer Leistung von 750 GpM (2.838 l/min.). Beide Fahrzeuge sind heute in „lemmon green'' lackiert.

Tanklöschfahrzeug (TLF) der US-Airforce-Feuerwehr Kaiserslautern. „Pumper'' der USAF-Feuerwehr in Kaiserslautern, nahe der Airbase Ramstein stationiert. Das nicht sehr häufig anzutreffende Löschfahrzeug auf Ford 750-Fahrgestell (Baujahr 1972) ist ausgestattet mit 600 Gallonen Wasser (2.271 Liter) und 50 Gallonen Schaum (189 Liter).

Tanklöschfahrzeug (TLF) der US-Militärfeuerwehr. Typisches Militär-Löschfahrzeug der US-Army auf GMC 2,5 t 530 B. „Fire trucks'' dieser Art wurden ab 1969/70 gebaut für eine Besatzung von 1/3 und für den Einsatz in US-Arealen Deutschlands. Die Aufbauten sind unterschiedlich von den amerikanischen Firmen Loadcraft, American LaFrance, Firemaster oder Ward LaFrance. Das Fahrzeug führt einen 400-Gallonen-Wassertank (1.519 Liter) mit sich, dazu 40 Gallonen Schaumlöschmittel (152 Liter). Die Pumpe leistet 500 GpM/1.892 l/min. Ausgestattet ist der „Firetruck'' mit einer Schnellangriffsleitung von 45 Metern Länge und mit einer Schiebeleiter — die feuerwehrtechnisches Ausstattung kann von Fahrzeug zu Fahrzeug sehr unterschiedlich sein.

Tanklöschfahrzeug (TLF) der US-Militärfeuerwehr. Modernstes Löschfahrzeug vom Typ Amertek CFRV-1 (2500 L). Diese Fahrzeugausführung wird mit der Zeit einen Großteil der oben gezeigten Tanklöschfahrzeuge ersetzen. Das neue US-Löschfahrzeug in Deutschland ist ausgestattet mit 2.500-Liter-Löschwassertank, 310 Liter Schaummittel sowie einer Godiva-Feuerlöschpumpe. Die Besatzung ist mit 3 Personen vorgesehen. Zusätzliche Ausrüstung u.a.: Frontmonitor mit ca. 950 l/min. Leistung, Hochdruck-Schnellangriffseinrichtung mit 45 Metern Schlauchlänge, Atemschutzgeäte sowie eine umfangreiche feuerwehrtechnische Ausstattung (incl. Hilfeleistungsgerät).

Fahrzeuge der fünf neuen Bundesländer

Ausrückdienstwagen (ADW). Einsatzleit- und Führungsfahrzeug vom Typ Wartburg — mit einem Fahrzeug dieser Art fährt der diensthabende Feuerwehr-Offizier die jeweilige Einsatzstelle an. Das Fahrzeug ist mit optisch-akustischer Warnanlage, Lautsprecher-Durchsageeinrichtung und Sprechfunk ausgerüstet.

Kleinlöschfahrzeug (KLF 8 — TS 8). Vor allem bei den Freiwilligen Feuerwehren wird dieses Fahrzeug auf Barkas B 1000 eingesetzt: der seit 1963 bekannte Fahrzeugtyp ist ausgestattet mit einer Tragkraftspritze (TS 8), Atemschutzgeräten, 80 Meter Druckschlauch sowie eine feuerwehrtechnische Ausrüstung für eine Besatzung von maximal fünf Personen. Auf dem Schlauchhaspelanhänger wird weiteres B-Schlauchmaterial mitgeführt. Hersteller des Fahrzeugs ist die Firma VEB Barkas-Werke in Karl-Marx-Stadt, die Ausstattung erfolgte durch das VEB Feuerlöschgerätewerk in Görlitz.

Rettungswagen (RTW). Ebenfalls ein Barkas B 1000 — ein Fahrzeug für den Transport Verletzter sowie für den Erste-Hilfe-Einsatz. Eingesetzt wird der Feuerwehr-Rettungswagen auch zur medizinischen Absicherung des Feuerwehrpersonals im Einsatz. Die Einrichtung des RTW besteht aus einer Krankentrage, dem Beatmungsgerät, medizinisch-technischem Material sowie Hilfeleistungsgerät in kleinerem Umfang. Sie entspricht damit — im Vergleich zu Fahrzeugen dieser Art in der Bundesrepublik Deutschland — eher der eines Krankentransportwagens (KTW).

Löschfahrzeug mit Schlauchtransportanhänger (LF 8 — TS 8 STA). Standardfahrzeug der Freiwilligen Feuerwehren in Gemeinden und kleineren Städten: Lastkraftwagen vom Typ Robur für eine Besatzung von 1+8 Personen. Das Fahrzeug ist ausgerüstet mit einer Feuerlöschpumpe (Leistung 800 l/min.), einer Tragkraftspritze (TS 8) und umfangreichem feuerwehrtechnischem Material (Atemschutzgeräte, Sanitätsmaterial, Steckleiter, Schlauchmaterial, Löscharmaturen) für eine Löschgruppe. Im Schlauchtransportanhänger werden 34 B-Druckschläuche mit einer Länge von je 20 Metern mitgeführt. Das hier gezeigte Fahrzeug kann umgerüstet werden in fünf weitere Varianten: als Gerätewagen, Tanklöschfahrzeug, Schlauchwagen, Mannschaftstransportfahrzeug und als Lastkraftwagen.

Löschfahrzeug (LF 16). Hier ein IFA W 50 (VEB IFA-Kraftfahrzeugwerke „Ernst Grube" Werdau) mit Aufbau der VEB Feuerlöschgerätewerk Luckenwalde. Das Fahrzeug mit einer Besatzung von 1+8 ist ausgerüstet mit einer Feuerlöschpumpe (FP 16) mit einer Leistung von 2.200 l/min. Mitgeführt werden zudem 80 Liter Schaummittelkonzentrat, eine Tragkraftspritze oder ein tragbarer Leichtschaumgenerator (LSG 4/400 T), ein Notstromaggregat (0,5 kW) und eine Motorkettensäge — dazu das vollständige feuerwehrtechnische Material für eine Löschgruppe.

Tanklöschfahrzeug (TLF 16). IFA W 50-LA mit einem 2.000-Liter-Löschwassertank sowie 500 Liter Schaumlöschmittel. Hersteller des Tanklöschfahrzeuges ist die VEB IFA-Kraftfahrzeugwerk Ludwigsfelde, ausgerüstet wird das Fahrzeug ebenfalls in Luckenwalde. Die Leistung der mitgeführten Feuerlöschpumpe (FP 16) beträgt 2.200 l/min. Über eine automatische Zumischvorrichtung kann Netzwasser, Schwer- und Mittelschaum erzeugt werden. Zusätzlich ist das Fahrzeug mit einem Dachmonitor und einer Schnellangriffseinrichtung versehen.

Leichtschaum-Löschfahrzeug (LF 8 — LS 1/1). Das hier vorgestellte Löschfahrzeug auf Robur LO 2002 A-Fahrgestell gilt als Speziallöschfahrzeug zum Beschäumen von Brandräumen, Brandflächen im freien Gelände, Roll- und Fahrbahnen sowie von Waldschneisen.

Drehleiter (DL 30/01). Als Sonderfahrzeug neben den oben vorgestellten Löschfahrzeugen wird diese Drehleiter auf Robur W-50 L bezeichnet. Sie dient vor allem der Menschenrettung und Hilfeleistung. Der Leiterpark ist auf 30 Meter Länge ausfahrbar, der mobile Arbeits- und Rettungskorb ist für eine Person (ca. 100 kg) vorgesehen.

Schaumbildner-Anhänger (SBA 4,5). Zahlreiche Spezialanhänger befinden sich im Dienste der Feuerwehren. Nachfolgend drei Beispiele: hier zunächst ein Anhänger mit Schaummitteltank (450 Liter Fassungsvermögen), der bei größeren Einsätzen zum Zuführen weiterer Löschmittel dient.

Beleuchtungsanhänger (BLA 4). Anhänger zum Transport eines Stromaggregates (4 kVA Leistung).

Ventilatortransportanhänger (VTA 60). Anhänger zum Transport eines Be- und Entlüftungsgerätes vom Typ Barkas EL 308 mit Zubehör.

Schlauchwagen (SW-Container). IFA W 50-L als Wechselladefahrzeug mit Schlauch-Container. Ausgestattet ist der Wechselaufbau mit 3.000 Meter B-Druckschlauch in Buchten, 600 Meter B-Druckschlauch gerollt und 100 Meter C-Druckschlauch. Mitgeführt wird zudem Zubehör wie Löscharmaturen und Schlauchbrücken.

Gerätewagen (GW). Mit Gerätefahrzeugen dieser Art können feuerwehrtechnische Gerätschaften und Material an die Einsatzstellen befördert werden. Ausgestattet ist das Fahrzeug grundsätzlich mit einem Aggregat (3,5 kVA Leistung), Kettensägen, Kreissäge, Trennschleifer, Sauerstoff-Schneidgerät und Hilfeleistungszubehör. Es erfüllt damit vergleichbar die Aufgaben eines Rüstwagens westdeutscher Feuerwehren (RW).

Rettungsgerätewagen (RTGW). IFA W 50-L mit Aufbau der VEB Leuna-Werke „Walter Ulbricht'' — ein Kombinationsfahrzeug zwischen Rettungs- und Atemschutzgerätewagen. Die Ausrüstung des Fahrzeugs ist den Bedürfnissen der Industrie angepaßt. Sie besteht aus Atemschutzgeräten, Gasschutzanzügen, Hebezug, Werkzeugen und — wie auf dem Foto zu sehen — aus Geräten zur Wasserrettung. Insgesamt kann die Ausstattung eines solchen Fahrzeugs jedoch unterschiedlich ausfallen — je nach Einsatzbereich einer Berufs-, Werks- oder Freiwilligen Feuerwehr.

Kranwagen (KW 12). Feuerwehr-Einsatzfahrzeug vom Typ ADK 125-2 (Hersteller VEB Maschinenbau „Karl Marx'' Babelsburg und IFA-Motorenwerke Schönebeck) mit einer Hubfähigkeit von 12.500 kg. Der Kranausleger kann bis auf eine Länge von 15,20 Meter ausgefahren werden. Kranwagen dieser Art sind vorwiegend bei größeren Berufsfeuerwehren stationiert.

Kleinalarm für die Straßburger Feuerwehr!

Alpenländer

Frankreich — Schweiz — Österreich — Italien — Jugoslawien

Es ist sicherlich nicht falsch, wenn man davon ausgeht, daß die Feuerwehren und zum Teil auch die Feuerwehrfahrzeuge der in diesem Kapitel genannten Staaten weitgehend bekannt sind. Zahlreiche, zum Teil intensive Kontakte von Kameraden deutscher Feuerwehren mit ihren Kollegen in Frankreich, der Schweiz, Österreich — zunehmend auch nach Italien und Jugoslawien — fördern den gegenseitigen Bekanntheitsgrad. Länderübergreifende Übungen, Großveranstaltungen oder internationale Wettkämpfe in den letzten Jahren haben gegenseitiges Verständnis geweckt, Ausbildungsstand, Einsatztaktik, Material- und Fahrzeugausstattung offengelegt und zum Teil bleibende Freundschaften zwischen den Wehren und ihren Mitgliedern geweckt.

Wenn sich auch im administrativen Bereich der einzelnen Feuerwehren Unterschiede ergeben, so zeichnen sich in der Einsatzpraxis doch weitgehende Gemeinsamkeiten ab, die Feuerwehrmänner aller dieser Länder nachvollziehen können.

In **Frankreich** wurde das Brandschutzwesen in den Zuständigkeitsbereich des Innenministeriums verwiesen, verantwortliches Fachministerium ist dort die Abteilung „Zivile Sicherheit'', die eine Überaufsicht über die Feuerwehren des Landes führt. Die praktische Anbindung französischer Feuerwehren erfolgt auf kommunaler Ebene, ergänzt durch den Zivilschutz und die „Securite Civile''. So bestehen in Frankreich sowohl Berufsfeuerwehren in den Großstädten des

Landes, Freiwillige Feuerwehren in den Kleinstädten und Dörfern, dazu Betriebsfeuerwehren und im Süden des Landes einige militärisch organisierte und verwaltete Feuerwehreinheiten (z.B. in Marseille).

Italiens Feuerwehren sind auf Landesebene umfassend organisiert. Sie unterstehen der Zivilschutzdirektion des Innenministeriums in Rom. Vor Ort sind Berufsfeuerwehren und Freiwillige Wehren im Einsatz. Eine Ausnahme in Bezug auf Verwaltung und Organisation bilden die Feuerwehren in Südtirol. Die dortige politische Autonomie garantiert eine kommunale Anbindung.

Freiwillige und Berufsfeuerwehren in **Jugoslawien** unterstehen ebenfalls dem Innenministerium (Bundesinnensekretariat). Von hier erfolgt die generelle Fachaufsicht, während die praktische Umsetzung auch hier auf Länder- und Regionalebene erfolgt.

Einige Angaben zum Einsatzfahrzeugvorkommen in den zuvor genannten Staaten: **Frankreich** hat eine sehr leistungsfähige Feuerwehrfahrzeugindustrie, zahlreiche kleinere und große Firmen wie beispielsweise Camiva, Riffaud oder Sides stellen Standard- und Sonderfahrzeuge aller Kathegorien her. Diese Fahrzeuge, vorwiegend auf Renault-Fahrgestellen, werden auch in andere europäische Staaten exportiert. Besonders bekannt sind in Frankreich die Waldbrandlöschfahrzeuge — nicht genormte Sonder- und Tanklöschfahrzeuge meist mit offenliegenden Pumpenaggregaten und Löschwassertanks. Auch die im Süden des Landes stationierten „Canadair-Wasserbomber'' sowie andere Löschflugzeuge stellen eine Besonderheit im Fahrzeugvorkommen des Landes dar.

Auch **Italien** hat seine eigene Fahrzeugindustrie. Firmen wie Barribi oder Silvani, oft auf Fiat-Fahrgestellen aufgebaut, bestimmen die Fahrzeugparks im Lande. Zunehmend sind allerdings auch Hersteller aus der Bundesrepublik Deutschland und aus Österreich vertreten.

In **Jugoslawien** findet man hauptsächlich Lizenzproduktionen im Feuerwehrbereich. Die Firma TAM fertigt beispielsweise vorwiegend Magirus-Fahrzeuge. Was Aufbauten angeht, so ist die Firma Vatrosprem nicht unbekannt. Insgesamt finden sich bei den jugoslawischen Wehren nur wenige importierte Fahrzeuge: Magirus-Leitern oder Rosenbauer-Aufbauten unterliegen Einzelentscheidungen der Verantwortlichen.

Kommen wir zur **Schweiz.** Im Land der Eidgenossen ist das Feuerwehrwesen eine Aufgabe der Gemeinden bzw. der kantonalen Verwaltungen. Dort ansässige Brandschutzbehörden führen die Fachaufsicht. Eine in fachlicher Hinsicht wichtige Rolle spielt der Schweizerische Feuerwehrverband, der sich der fachlichen Reglementierung und der Beratung im technischen Bereich verschrieben hat. In der Schweiz arbeiten sowohl Berufs- als auch Freiwillige Feuerwehren sowie Wehren im betrieblichen und militärischen Bereich.

Das kleine Land kann eine vergleichsweise große und nicht unbedeutende Fahrzeugindustrie vorweisen: die Firmen Brändle, Vogt, Mowag und zahlreiche kleinere Aufbauhersteller versorgen die Wehren der Schweiz mit Norm- und Sonderfahrzeugen. Zugleich sind die bekannten bundesdeutschen und österreichischen Hersteller Ziegler, Metz und Rosenbauer bei den Wehren vertreten.

Das **österreichische** Feuerwehrwesen ist von der Verfassung her Sache der Bundesländer. Landesfeuerwehrverbände übernehmen die Verwaltung, Fachaufsicht und Strukturierung der Wehren, die jedoch den Städten und Gemeinden sowie den Bezirken unterstellt sind. Wie in vergleichbaren westeuropäischen Ländern stehen Berufsfeuerwehren, Freiwillige Feuerwehren und Wehren in Betrieben und auf Flughäfen zum Einsatz bereit.

Administratives Organ aller Feuerwehren Österreichs ist der Bundesfeuerwehrverband. Denkt man an Feuerwehren in Österreich, so fällt einem in Bezug auf Einsatzfahrzeuge wie selbstverständlich der Name Rosenbauer ein. Der weltweit bekannte und tätige Aufbauhersteller liefert ein komplettes Fahrzeugprogramm auf allen Fahrgestellen — vom Kleinlöschfahrzeug bis hin zum selbstentwickelten Großtank- und Flugfeldlöschfahrzeug. Cirka 90% der österreichischen Feuerwehrfahrzeuge stammen von Rosenbauer.

Im Einsatz! Schweizer Berufsfeuerwehrmann auf dem Leiterpark der DLK 37, WFW. Sandoz/Basel (unten).

Der Einsatz ist vorbei! — Schweizer Feuerwehrmänner mit ihrem Tanklöschfahrzeug.

Auftanken zum Waldbrandeinsatz! — Hubschrauber mit Außenlast-Löschbehälter in Österreich.

Zum Brandeinsatz mit dem Kleinlöschfahrzeug: Südtiroler Feuerwehr mit „Campagnola'' und Tragkraftspritzenanhänger.

FRANKREICH

Löschfahrzeug (LF) der FF. Bischheim/BF. Straßbourg. Beginnen wir mit einem Oldtimer-Fahrzeug: hier ein Berliett-Löschfahrzeug aus dem Jahre 1936. Das gepflegte und einsatzbereite Fahrzeug gehörte einst der FF. Bischheim/Elsaß und wird jetzt bei der BF. Straßbourg verwahrt.

Einsatzleit- und Führungsfahrzeug (ELW/FüF) der BF. Straßbourg. Peugeot 505 GR — Einsatzleit- und Führungsfahrzeug für Feuerwehr-Offiziere.

Einsatzleitwagen (ELW) der BF. Straßbourg. Modernes Einsatzleitfahrzeug auf dem neuen Renault-Espace.

Gerätewagen (GW) der BF. Straßbourg. Speziell für den Technischen Dienst und als Mehrzweckfahrzeug ist dieser Renault R 4 vorgesehen.

Notarzteinsatzfahrzeug (NEF) der BF. Straßbourg. Fahrzeug vom Typ Renault (R 5) für den eigenen Feuerwehrarzt.

Geräte- und Rüstwagen (GW-U/RW) der BF. Metz/Moselle. Mercedes-Benz 911 mit einem Aufbau der französischen Firma Camiva aus dem Jahre 1976. Das Fahrzeug mit Kompressor-Anhänger wird vorgehalten für Gefahrguteinsätze im Rahmen des Umwelt- und Gewässerschutzes.

Vorausrüstwagen (VRW) der BF. Straßbourg. Peugeot J 9 für den technischen Notfalleinsatz bei Verkehrsunfällen. Das Fahrzeug mit Bemaex-Aufbau ist ausgerüstet mit Hilfeleistungsmaterial, Pulverlöschmitteltank, Lichtmast und einem ausfahrbaren Blaulicht.

VRW (Heckansicht). Deutlich sichtbar die ausziehbaren Staufächer für Gerätschaften und Materialien, die Pulverlöschanlage (oben rechts) sowie der ausfahrbare Flutlichtmast.

Krankentransportwagen (KTW) der BF. Straßbourg. Peugeot-Krankentransportwagen, ausgerüstet mit einer Trage und einer Hilfstrage, Sauerstoffgerät sowie eine Behandlungseinrichtung für KTW (Materialschrank). Das Fahrzeug ist zur Betreuung und gegebenenfalls für den Transport von Feuerwehrpersonal im Einsatz vorgesehen. Darüber hinaus steht es für den regionalen Verletzten- oder Krankentransport zur Verfügung. In Straßbourg ist die Berufsfeuerwehr nicht generell in den Rettungsdienst integriert, während in anderen Großstädten Frankreichs Rettungsdienst und Krankentransport zu den Aufgaben der Feuerwehr gehört.

Gerätewagen (GW-A) der BF. Straßbourg. Renault-Master vom Typ T 35 als Atemschutzfahrzeug mit 12 Atemschutzgeräten und 48 Reservegeräten.

Kleinlöschfahrzeug (KLF) der FF. Mittelwyer. Ein für Freiwillige Feuerwehren Frankreichs typisches Löschfahrzeug mit feuerwehrtechnischen Material.

Kleinalarmfahrzeug (KAF) der BF. Straßbourg. Dieses Allzweckfahrzeug ist ausgerüstet für Notfälle aller Art in kleinerem Umfang.

Gerätewagen (GW) der BF. Straßbourg. Geräte- und Mehrzweckfahrzeug auf Peugeot J 9-Fahrgestell.

KAF (Heckansicht). Die Heckansicht des Kleinalarmfahrzeuges zeigt noch einmal die Leiterbeladung sowie die interessante Sicherheits-Farbgebung der Rückseite.

Vorausrüstwagen (VRW). Auf der „Interschutz '88" in Hannover stellte die französische Firma Bemaex einige ihrer Hilfeleistungsfahrzeuge aus. Hier zwei Vorausrüstwagen auf Renault B 90 (li.) und Iveco 49-10 (re.). Beide Fahrzeuge sind mit umfangreichen Rettungs- und Hilfeleistungsmaterialien und Geräte ausgestattet, die Einsätze vor allem bei Verkehrsunfällen oder bei technischen Notfällen zulassen. Wichtig: Kunststoff-Modulaufbau!

Tanklöschfahrzeug (TLF) der BF. Straßbourg. Renault-Turbo G 230 mit einem Aufbau des französischen Herstellers Camiva: es handelt sich hier um ein Standard-Tanklöschfahrzeug französischer Feuerwehren, vor allem der Berufsfeuerwehren, das meist als erstes Fahrzeug eingesetzt wird. Vorgesehen ist das TLF für eine Besatzung von 8 Personen. Es ist ausgestattet mit einem 3.000-Liter-Löschwassertank und einer Feuerlöschpumpe (Leistung nach französischen Angaben 60 Kubikmeter bei 15 bar). Die Heckansicht des Einsatzfahrzeugs zeigt die für französische Löschfahrzeuge typischen zwei Schlauchhaspeln, ferner den Geräteraum mit Schnellangriffshaspel sowie die optische Sicherheitseinrichtung durch Farbgebung (rot/weiß-gestreift), Blaulicht und gelben Blitzleuchten.

Tanklöschfahrzeug (TLF) der BF. Straßbourg. Renault-Berliett 770 K8 mit Camiva-Aufbau als ältere Version des oben gezeigten Standard-Tanklöschfahrzeuges. Das 1980 gebaute TLF führt ebenfalls einen 3.000-Liter-Löschwassertank mit sich.

Waldbrandtanklöschfahrzeug (TLF-W) der FF. Bitche/Moselle. Modernes Tanklöschfahrzeug auf Mercedes-Benz 1700 L mit einem offenliegenden (teilverkleidetem) 4.000-Liter-Löschwassertank. 1984 von der Firma Rocher/Saumur gebaut (zusätzlich Eigenaufbau der FF. Bitche).

Waldbrandtanklöschfahrzeug (TLF-W) der FF. Finistere. Geländegängiges Fahrzeug auf Mercedes-Benz-Unimog 1300 mit Aufbau von Camiva.

Waldbrandtanklöschfahrzeug (TLF-W). Vorgestellt auf der „Interschutz '88": Mercedes-Benz-Unimog 1300 L mit Doppelkabine, Sairep.

Waldbrandtanklöschfahrzeug (TLF-W) der FF. Derval/Loire. Auf Studebaker/REO 6x6 ist dieses schwere Waldbrand-TLF aus dem Jahre 1955 aufgebaut — ebenfalls ein für französische Feuerwehren typisches Einsatzfahrzeug, was seinen Aufbau und seine Ausstattung angeht. Der von Camiva gefertigte Aufbau sieht einen 5.000-Liter-Löschwassertank mit Pumpe 500/10 vor. Die Ausstattung mit Schnellangriffshaspeln, Vorbauseilwinde und feuerwehrtechnischen Geräten ist nahezu bei allen Waldbrand-TLF dieser Art obligatorisch.

Schlauchwagen (SW 2000) der BF. Metz/Moselle. Aus dem Jahre 1981 stammt dieses geländegängige Schlauchfahrzeug auf Unic 75 PC mit einem Aufbau der Firma Behm/Thionville. Mitgeführt werden 2.000 Meter Druckschlauch (Durchmesser 110 mm), dazu in der Regel ein Pumpenanhänger (2000/10) — siehe auch weitere Fotos von Schlauchwagen der französischen Feuerwehren.

Zumischer-Schlauch- und Löschfahrzeug (SW/ZWF) der BF. Straßbourg. Renault-Turbo G 210 mit 230 PS-Motorleistung: das Fahrzeug mit einem Aufbau von Camiva wird in der Regel zusammen mit einem Tanklöschfahrzeug eingesetzt. Mitgeführt werden 2.000 Meter C-Schlauch sowie eine Hochleistungspumpe mit zwei C-Ausgängen sowie vier Schaum-Ausgängen, die Leistung der Pumpe beträgt 120 Kubikmeter bei 15 bar. In der Regel wird zudem per Anhänger noch eine Hochleistungspumpe mit einer Leistung von 120 Kubikmeter bei 10 bar mitgeführt.

Pumpenanhänger der BF. Straßbourg. Siehe vorgenanntes Foto.

Drehleiter (DLK 30) der BF. Straßbourg.

Drehleiter (DLK 30) der BF. Straßbourg. Reserveleiter älteren Datums (1973),Straßbourg-Gravenstaden: Berliett KB 6 mit Magirus-Aufbau.

Drehleiter (DLK 30) der BF. Straßbourg. Riffaud-Drehleiter auf Renault-Turbo GF 231 — ein modernes Leiterfahrzeug niederer Bauart 1984.

Drehleiter (DLK 30) der BF. Straßbourg. Ähnliches Fahrzeug wie nebenstehend, jedoch auf Renault G 230-Fahrgestell.

Gelenkmast (GM) der BF. Straßbourg. Firma Simon in Zusammenarbeit mit Camiva auf Fahrgestell Berliett GCK, Baujahr 1973.

Gelenkmast (GM) der BF. Metz/Moselle. Faun 6x6 mit Aufbau der Firma Egie/Charleville-Mezieres aus dem Jahre 1982.

Gelenkmast (GM) der BF. Straßbourg. Die modernere Ausführung des obengenannten Fahrzeuges mit Simon-Snorkel: Renault GR 191.

Drehleiter (DLK 30 n.B.). Sicherlich eine der zukünftigen Fahrzeuggenerationen bei französischen Feuerwehren.

Löschflugzeug „Canadair" der französischen Feuerwehr/Marseille. Für die Bekämpfung von Groß- und Waldbränden setzt die französische Feuerwehr seit Jahren erfolgreich das Löschflugzeug „Canadier CL-215 Amphibian" ein.

Flugfeldlöschfahrzeug (FLF) der FlFw. Lamentin. „Sides 2000" mit 9.100-Liter-Löschwassertank, 1.100-Liter-Schaummitteltank und einer Pumpe 6.000 l/min. bei 12 bar.

Schaumtanklöschfahrzeug (STLF/FLF) der FlFw. Lyon-Salolas. VAM 91-11 (Thomas/R.I.V. 440 6x6) mit Camiva-Aufbau mit 9.100-Liter-Löschwasser und 1.100-Liter-Schaumlöschmittel.

Flugfeld-Löschfahrzeug (FLF/VLIS) der FlFw. Lyon-Satolas. Berliett 500 KE 4x4 mit 600 Liter Löschwasser, 500 kg Pulver und 60 Liter Light-water.

Flugfeld-Löschfahrzeug (FLF/VIMP 32) der FlFw. Lyon-Satolas. Pulverlöschfahrzeug auf MAN/Saviem 19240 HA 4x4, Camiva, 1981.

Kranwagen (KW 25) der BF. Straßbourg. 25-Tonnen-Feuerwehrkran von Faun/Gottwald — das 250 PS-Fahrzeug mit einem Gesamtgewicht von 31 Tonnen ist mit einem 24 Meter langen Kranarm ausgestattet.

Gerätewagen (GW-Kran) der BF. Straßbourg. Zusammen mit dem links gezeigten Kranwagen rückt ein Gerätefahrzeug Peugeot J 9 aus.

Wechselaufbaufahrzeug (WAF) „Umweltschutz" der BF. Straßbourg. Renault G 210 mit Rüstcontainer „Umweltschutz". Für dieses Abrollsystem stehen weitere Container und Aufbauten zur Verfügung. Auch in Frankreich findet das Wechselaufbausystem zunehmend seine Anwender, insbesondere natürlich bei den Berufsfeuerwehren. Der hier gezeigte Container „Antipollution" (Umweltschutz) enthält Gerätschaften und Material für entsprechende Einsätze.

Schaummittelfahrzeug der BF. Straßbourg. Renault-Turbo G 260 mit Sattelauflieger — das Fahrzeug ist mit insgesamt 20 Behältern zu je 1.000 Litern Schaumlöschmitteln ausgerüstet. Es dient zur Zuführung von Löschmittel bei Großbränden, vor allem im Bereich des Straßbourger Öl- und Rheinhafens. Ein Sonderfahrzeug (Eigenausstattung der Berufsfeuerwehr Straßbourg) — aber für Fahrzeugfreunde sicherlich ein interessantes Feuerwehr-Einsatzfahrzeug.

Trockenlöschfahrzeug (TroLF) der BF. Thionville/Moselle. Saviem SG 5 4x2 aus dem Jahre 1973 mit Aufbau der Firma Biro (die Firma existiert heute nicht mehr!), ausgestattet mit einer Löschpulveranlage mit 800 kg Fassungsvermögen.

SCHWEIZ

Löschfahrzeug der FF. Romanshorn. Tradition bei den Schweizern, wie auch in zahlreichen anderen Ländern Europas: die alten, historischen Geräte und Fahrzeuge der Feuerwehr werden restauriert, gepflegt und zu bestimmten Gelegenheiten der Öffentlichkeit präsentiert. Beginnen wir also ebenfalls die Fotoauswahl Schweizer Feuerwehr-Einsatzfahrzeuge mit einem Oldtimer aus dem Jahre 1927 auf Saurer-Chassis — ein recht beeindruckendes Fahrzeug, das derzeit noch voll funktionsfähig ist.

Tanklöschfahrzeug (TLF), Privatbesitz Brändle/Wil. Im Jahre 1935 gebaut, heute noch bestens gepflegt und einsatzbereit: Bedfort-Tanklöschfahrzeug mit 800-Liter-Löschwassertank, einer Schnellangriffseinrichtung sowie einer „Zahnradpumpe". Das Fahrzeug steht im Privatbesitz der Familie Brändle (Brändle-Feuerwehrfahrzeuge, Wil) und wurde bereits mehrfach ausgezeichnet.

Mehrzweckfahrzeug (MZW) der FF. Fällanden. Als Mannschafts- und Mehrzweckfahrzeug und auf zahlreichen Feuerwehrveranstaltungen noch immer im Einsatz: ein Dodge-3/4-Tonner mit Vorbau-Seilwinde und einer feuerwehrtechnischen Ausstattung für den Ersteinsatz.

Tanklöschfahrzeug (TLF) der FF. Rorschach. Auch bereits ein Oldtimer: aus dem Jahre 1938 stammt dieser hervorragend restaurierte Saurer, der immer wieder auf zahlreichen Veranstaltungen und Feuerwehrfesten im Bodenseebereich von den Rorschacher Feuerwehrmännern präsentiert wird. Dabei zeigt sich deutlich die Liebe der Schweizer Wehrmänner für Historisches und das große Engagement, seltene Fahrzeuge für die Nachwelt zu erhalten.

Einsatzleitwagen (ELW) der FF. Rorschach. Range-Rover aus dem Jahre 1974 als Einsatzleit- und Führungsfahrzeug.

Einsatzleitwagen (ELW) der FF. Frauenfeld. Volvo-Kombi aus dem Jahre 1978 als Einsatzleit- und Vorausfahrzeug.

Einsatzleit- und Kommandowagen (ELW/KdoW) der FF. Steffisburg. Peugeot J 9 als Mannschafts-, Kommando- und Einsatzleitfahrzeug, 1981.

Geräte- und Mannschaftswagen (GW/MTW) der FF. St. Gallen. Land-Rover 110 FC als sogenanntes „Löschzugfahrzeug'', Baujahr 1970.

Mannschafts- und Mehrzweckfahrzeug (MTW/MZW) der FF. Frauenfeld. 8-Zylinder-Mowag B 300 aus dem Jahre 1983 als Transportfahrzeug.

Mannschaftswagen (MTW) der FF. Steffisburg. Land-Rover 109 mit 80 PS Motorleistung — geländegängiges Einsatzfahrzeug der „Pikett-Gruppe''.

Pikettfahrzeug der Betriebsfeuerwehr Grieser, Aadorf. Land-Rover 109 aus 1972, 1982 durch die Firma Brändle zum Feuerwehrfahrzeug umgebaut.

Mehrzweckfahrzeug (MZW) der FF. Steffisburg. Chevy-Van 4x4 — aus dem Jahre 1980. vom Schweizer Hersteller Vogt ausgebaut.

Tanklöschfahrzeug (TLF) der FF. Lausen. Dodge W 300 Typ B-66 aus dem Jahre 1980, mit 1.400-Liter-Löschwassertank, Schnellangriffsvorrichtung mit 60 Metern Hochdruckschlauch und Godiva-Feuerlöschpumpe (Normaldruck 2.800 l/min. bei 80 Meter GMF, 300 l/min. bei 40 bar Hochdruck).

Atemschutzfahrzeug (GW-A) der FF. Frauenfeld. Einsatzfahrzeug vom Typ Mowag B 300 aus dem Jahre 1981 als Gerätewagen-Atemschutz.

Pikettfahrzeug der FF. St. Gallen. Chevrolet-292-Pronto als Bereitschafts-Löschfahrzeug.

GW-A FF. Frauenfeld (Heckansicht). Unser Foto zeigt noch einmal die Heckansicht des oben stehenden Atemschutz-Gerätefahrzeuges.

Gerätewagen (GW-A) der FF. Steffisburg. Chevrolet-Van 4x4, geländegängiges 136-PS-Fahrzeug aus dem Jahre 1984 mit einem Vogt-Ausbau.

Tanklöschfahrzeug (TLF) der BF. St. Gallen. Typisches Großfahrzeug der Schweizer Feuerwehr auf Saurer D 230 aus dem Jahre 1982. Das TLF ist mit einem 2.400-Liter-Löschwassertank ausgestattet.

Tanklöschfahrzeug (TLF) der BF. St. Gallen. Ein älterer Fahrzeugtyp aus dem Jahre 1963 auf Saurer 2 DM-Fahrgestell mit einem Aufbau der Firma Rosenbauer. Das Tanklöschfahrzeug führt einen 1.200-Liter-Löschwassertank mit sich und ist mit einer Hochdruckpumpe (Leistung 1.200 l/min.) ausgestattet.

Tanklöschfahrzeug (TLF) der FF. Schwyz. Eines der ersten Fahrzeugtypen des Schweizer Feuerwehrfahrzeug-Herstellers Brändle aus Wil: ein Dodge W 300 E-33 mit Brändle-Aufbau, ausgerüstet mit einem 1.400-Liter-Löschwassertank und einer Godiva-Feuerlöschpumpe vom Typ 2.

Tanklöschfahrzeug (TLF) der FF. Zumikon. Dodge G 7590 mit Brändle-Aufbau B 18, versehen mit 1.800-Liter-Löschwassertank und ebenfalls mit einer Godiva-Feuerlöschpumpe vom Typ 2. Die Fahrzeugkabine ist für drei Mann Besatzung ausgelegt.

Tanklöschfahrzeug (TLF) der FF. Kerns. Mercedes-Benz-Unimog 1300 L-F 4x4 mit 3.250 mm-Radstand. und mit 1.400-Liter-Löschwassertank.

Tanklöschfahrzeug (TLF) der FF. Wiedlisbach. Mercedes-Benz 911 mit Brändle-Aufbau, 2.800-Liter-Löschwassertank und Godiva-FLP.

Tanklöschfahrzeug (TLF) der BF. St. Gallen. Mercedes-Benz 1120 aus dem Jahre 1988, ein modernes Einsatzfahrzeug für den Außenbereich der Stadt St. Gallen. Das Fahrzeug mit einem Aufbau der Firma Brändle/Wil führt einen 2.400-Liter-Löschwassertank mit sich.

Tanklöschfahrzeug (TLF) der FF. Bäretswil. Mercedes-Benz 1428, Brändle-Aufbau und Sonderkabine, 2.500 Liter Löschwasser und 300 Liter Schaumlöschmittel.

Tanklöschfahrzeug (TLF) der BF. St. Gallen. Ein Hilfs-Tanklöschfahrzeug mit Aufbau der Schweizer Firma Aebi aus dem Jahre 1966.

Leiteranhänger der FF. Steffisburg. Zwei Leiteranhänger dieser Art haben die „Wehrdienste Steffisburg'' in ihren Magazinen Dorf und Schwäbis stationiert: die Hänger sind ausgerüstet mit einer „Strebenschiebeleiter'' von 14 Metern Länge, einer Hakenleiter von 3 Metern Länge, zwei Dachleitern und zwei Rettungsbrettern.

Drehleiter (DLK 30) der BF. St. Gallen. Magirus 256 D 17 — ein Allradfahrzeug aus dem Jahre 1984. Zur Beachtung hier das verkürzte Fahrgestell! Der Leiteraufbau (Podest) wurde in Eigenarbeit der Berufsfeuerwehr St. Gallen umgebaut. Die Geräteräume nehmen jetzt zusätzlich einen „Sprungretter'' (6x8 Meter) sowie die zwei dazu erforderlichen Belüftungsgeräte auf, dazu eine Rettungstrage für den Leiterbetrieb. Der Motor des Fahrzeugs leistet 256 PS.

Drehleiter (DLK 30) Der BF. St. Gallen. Magirus 256 D 17 — ein Allradfahrzeug aus dem Jahre 1984. Zur Beachtung hier das verkürzte Fahrgestell! Der Leiteraufbau (Podest) wurde in Eigenarbeit der Berufsfeuerwehr St. Gallen umgebaut. Die Geräteräume nehmen jetzt zusätzlich einen „Sprungretter'' (6x8 Meter) sowie die zwei dazu erforderlichen Belüftungsgeräte auf, dazu eine Rettungstrage für den Leiterbetrieb. Der Motor des Fahrzeugs leistet 256 PS.

Drehleiter (DLK 30) der FF. Frauenfeld. Magirus-Deutz-Leiterfahrzeug aus dem Jahre 1970 mit einer Motorleistung von 170 PS. Der vierteilige Leitersatz von Magirus mit Ölpumpen-Hydraulik ist um 380 Grad schwenkbar.

Pionierfahrzeug (RW) der BF. St. Gallen. Iveco-Magirus 190-32, ein 320-PS-Fahrzeug aus dem Jahre 1987 für den Autobahn- und Tunneleinsatz.

Mehrzweckfahrzeug (MZW) der BF. St. Gallen. Jeep-Cherokee (Baujahr 1978) wird als Voraus- und Absicherungsfahrzeug eingesetzt.

Bergungs- und Abschleppfahrzeug der BF. Bern. Mercedes-Benz-Unimog mit Spezialausrüstung: 70-Meter-Seilwinde (Zugkraft 4.700 kg), Generator vom Typ MAG mit einer Leistung von 6.000 Watt, ausziehbarer Lichtmast von 6 Metern Länge und zwei Scheinwerfern von je 1000 Watt.

Rüstwagen (RW 3) der FF. Frauenfeld. Magirus-Deutz 256 D 12 mit 20 kVA-Generator, 7-Meter-Lichtmast und zwei Anhängevorrichtungen.

Pionierwagen (RW-Kran) der BF. Bern. MB LP 2232 mit Fassi-Hydraulikkran, Lichtmast (7,20 m, 1500-Watt), 10 Tonnen-Rotzlerwinde.

Trockenlöschfahrzeug (TroLF) der BF. St. Gallen (BdLZ). Die folgenden Fotos zeigen Feuerwehr-Einsatzfahrzeuge des sogenannten „Bundeslöschzuges'' der Schweizer Armee, die in St. Gallen stationiert sind. Dieserart Fahrzeuge werden den Feuerwehren für örtliche Einsätze überlassen und stehen darüber hinaus für den militärischen Bedarf zur Verfügung. Verwaltungsmäßig unterstellt sind die Löschfahrzeuge dem Schweizer Oberkriegskommissariat (Verteidigungsministerium). Hier zunächst ein Pulverlöschfahrzeug (Staublöschfahrzeug) auf Magirus 170 D 11 mit einem Aufbau der Schweizer Firma Aebi. Das Fahrzeug aus dem Jahre 1975 ist mit 2.000 kg Pulverlöschmittel ausgerüstet.

Tanklöschfahrzeug (TLF) der BF. St. Gallen (BdLZ). Hier das Tanklöschfahrzeug des Bundeslöschzuges: Magirus 200 D 16 mit einem 4.000-Liter-Löschwassertank und einem 1.000-Liter-Schaumlöschmitteltank. Auf dem Aufbaudach sind Schaumrohre, Haspel und Löscharmaturen verlastet.

Zubringerlöschfahrzeug (ZLF) der BF. St. Gallen (BdLZ). Magirus-Deutz 195 D 16 mit einem Aufbau der Firma Rizzi/Bellizona. Dieses dritte Fahrzeug des Bundeslöschzuges (BdLZ) transportiert Schlauchmaterial, Feuerlöscharmaturen, eine Tragkraftspritze sowie 10 Fässer mit Schaumlöschmittel á 200 Liter Fassungsvermögen. Das Fahrzeug ist ausgerüstet mit einer „Heros 3000''-Seilwinde.

Mehrzweckfahrzeug (MZW) der FF. St. Gallen. Pritschen-Transportfahrzeug vom Typ Mowag mit Sitzbänken — ein ehemaliges Schweizer Militärfahrzeug. Intern wird der MZW dem Bundeslöschzug zugerechnet.

Motorspritze (TSA) der FF. Frauenfeld. Motorspritze vom Typ 2 des Schweizer Zivilschutzes, der Feuerwehr zugeordnet. Bei dem Motor handelt es sich um einen VW-Industriemotor vom Typ 126 A mit einer Leistung von 44 PS, die Pumpe ist eine Hochzentrifugenpumpe mit einer Leistung von 1.500 l/min. Der Anhänger führt zudem zwei Haspeln mit 60 und 80 Metern Schlauchmaterial mit.

Trockenlöschfahrzeug (TroLF) der FF. Frauenfeld. Mowag W 300 mit CEAG-Pulverlöscheinrichtung (750 kg Fassungsvermögen).

Ölwehrfahrzeug (RW-Öl) der FF. Frauenfeld. Mowag W 300 aus dem Jahre 1974 mit Ölwehrmaterial, Notstromaggregat mit 6 kVA und Seilwinde.

Chemiewehrfahrzeug (GW-Chemie) der BF. Bern. Mercedes-Benz 711 D mit Atemschutzausrüstung, Öl- und Chemiewehrgerätschaften und Generator.

Atemschutzfahrzeug (GW-A) der WF. Siegfried AG, Zofingen. Mercedes-Benz 608 D mit Ausbau der Firma Brändle/Wil, 1980.

Flugfeld-Löschfahrzeug (FLF 8000/8000) der FlFw. Bern-Belp. Mercedes-Benz LAK 2620 mit einem Aufbau von Rosenbauer aus dem Jahre 1965. Das Fahrzeug fuhr bis 1981 auf dem Flughafen in Zürich. Der Inhalt des Löschwassertanks beträgt 8.000 Liter, der des Schaummitteltanks 800 Liter. Die mitgeführte Feuerlöschpumpe leistet 2.500 l/min.

Flugfeld-Löschfahrzeug (FLF/PLF 6000) der FlFw. Genf. Pulverlöschfahrzeug mit 6.000 kg Löschmittel auf Walther-Fahrgestell, Aufbau von Total.

Flugfeld-Löschfahrzeug der FlFw. Genf. Schaum-Löschfahrzeug Sides mit 14.000-Liter-Löschwasser und mit 1.200 Liter Schaumlöschmittel.

Flugfeld-Löschfahrzeug der FlFw. Genf. VMA 100 des Wasserzuges, Mercedes-Benz mit Sides-Aufbau, 1987, 5.000 Liter Wasser und Schaumlöschmittel.

Flugfeld-Löschfahrzeug der FlFw. Genf. VMA 110 auf Faun-Fahrgestell Sides-Aufbau, 1975, 9.900 Liter Löschwasser, 1.100 Liter Schaummittel.

Flugfeld-Löschfahrzeug (FLF/SLF) der FlFw. Genf. Ebenfalls bereits ausgemustert, aber als Vorläufer der gezeigten Fahrzeuge von Interesse: Mercedes-Benz 2623 mit Rosenbauer-Aufbau (1969; ausgemustert 1987), eingesetzt zur Auslegung eines Schaumteppichs: 3.000 Liter Löschwasser, 7.000 Liter Schaumlöschmittel, Pumpe 3.000 l/min., Dachmonitor 2.000 l/min. bei 10 bar, Reichweite 65 Meter.

Etwa 160 km² groß ist das Fürstentum Liechtenstein. Es ist unabhängig und selbständig, staatenmäßig jedoch der Schweiz zugehörig. Insgesamt gibt es etwa 7000 Feuerwehrmänner, 11 Feuerwachen sowie einige Werkfeuerwehren. Nachfolgend einige Feuerwehr-Einsatzfahrzeuge des kleinen Landes.

Tanklöschfahrzeug (TLF) der FF. Vaduz. Steyr 790 mit einem Aufbau der Firma Rosenbauer. Das Allradfahrzeug aus dem Jahre 1974 ist ausgerüstet mit einem 2.500-Liter-Löschwassertank, 220 Liter Schaumlöschmittel sowie einer Feuerlöschpumpe mit einer Leistung von 1.800 l/min. bei 8 bar.

Rüstwagen (RW 2) der FF. Vaduz. Mercedes-Benz 1219 aus dem Jahre 1981 — ein modernes Rüstfahrzeug mit Aufbau und Ausrüstung der Firma Aebi/Metz, das Fahrzeug wurde nach den Vorstellungen der FF. Vaduz ausgestattet.

Zugfahrzeug der FF. Vaduz. Für die zahlreichen Anhänger und Motorspritzen benötigen die Vaduzer ein leistungsfähiges und geländegängiges Zugfahrzeug, das zudem als Mehrzweckfahrzeug eingesetzt werden kann. Hier handelt es sich um einen Toyota-Land-Cruiser aus dem Jahre 1981.

Atemschutz- und Mannschaftstransportwagen (GW-A/MTW)der FF. Vaduz. Der Mercedes-Benz 310 ist eine speziell verstärkte Allradfahrzeug-Version — ein modernes Fahrzeug aus dem Jahre 1989. Es wird in mehrfacher Hinsicht genutzt: zum einen als Mehrzweckfahrzeug für den Transport von Material und Gerät, zum andern als Mannschaftsfahrzeug — dann aber vor allem als Atemschutzgerätewagen. Auf einem Schlitten im Aufbau lagern neun Atemschutzgeräte von Draeger (Typ 300) einschließlich Reserverflaschen.

Wasser/Schaumwerfer-Anhänger (WS-A) der FF. Vaduz. Aus dem Jahre 1989 stammt dieser Werfer, aufgebaut von der Schweizer Firma Vogt. Das Gerät leistet über 3.000 l/min. bei 8 bar. Der Anhänger führt 220 Liter Schaumextrakt mit. Der Werfer selbst ist auch unabhängig vom Anhänger mobil einsetzbar.

Motorspritze (TSA) der FF. Vaduz. Eine Motorspritze vom Typ 2 des Schweizer Zivilschutzes, aufgebaut von der Firma Vogt. Die Leistung der Spritze beträgt 1.400 l/min. bei 8 bar. Bei den Feuerwehren Liechtensteins und der Schweiz (siehe auch Schweizer Fotoauswahl) sind sehr zahlreich Motorspritzen dieser Art im Einsatz.

Tragkraftspritzenanhänger (TSA) der FF. Vaduz. Der Stolz des Vaduzer Feuerwehrkommandanten: eine große Tragkraftspritze der Schweizer Armee, die sich in seinem Privatbesitz befindet und die der Freiwilligen Feuerwehr Vaduz für Einsätze zur Verfügung gestellt wird. Hersteller der Motorspritze ist die Firma Sulzer/Winterthur, das Baujahr wird mit 1958 angegeben. Die Leistung der Pumpe beträgt 3.000 l/min. bei 8 bar.

Trockenlösch-Anhänger (TroA) der FF. Vaduz. „Staubanhänger", Firma Prevo/Horgen, 250 kg Löschpulver, Baujahr 1975.

Schlauchanhänger (SA) der FF. Vaduz. Auf einem Zivilschutzanhänger verlastet sind 770 Meter B-Schlauch (75 mm).

Drehleiter-Anhänger (DL 22) der FF. Vaduz. Mechanische Drehleiter mit hydraulischem Motorantrieb (Wankelmotor) der Firma Ehrsam/Schweiz.

Löschgruppenfahrzeug (LF 8) der FF. St. Johann/Pongau. Ganz ohne Zweifel — es ist schon eine Pracht, dieses alte Löschfahrzeug aus dem Jahre 1939 von Magirus-Deutz. Der bestens gepflegte Oldtimer ist bei der St. Johanner Feuerwehr aber noch heute aktiv im Einsatz — als Ersatzfahrzeug für unterschiedliche Aufgaben. Damit beginnen wir unsere österreichische Fotoauswahl von Feuerwehr-Einsatzfahrzeugen — eine breite Palette von typischen und besonderen Fahrzeugen der Freiwilligen und Berufsfeuerwehren. Berücksichtigt wurden dabei in aller Regel Fahrzeuge, die noch heute in Österreich ihren Dienst versehen — auch, wenn zum Teil bestimmte Fahrzeuge schon einige Jahre „auf dem Buckel" haben!

ÖSTERREICH

Löschgruppenfahrzeug (LF 8) der FF. Jöhlingen. Nachkriegsfahrzeug aus dem Jahre 1955, jedoch bereits ausgemustert: ein Opel-Blitz mit Metz-Aufbau, bereits mit Rolladenverschlüssen versehen! Ähnliche Fahrzeuge sind jedoch bei den österreichischen Freiwilligen Feuerwehren noch im Einsatz.

Löschgruppenfahrzeug (LF 8/LF 120) der FF. Satteins. Hier ein modernerers Opel-Blitz-Löschfahrzeug mit einem Aufbau der Firma Rosenbauer, ausgestattet mit einer Rosenbauer-Vorbaupumpe (TS 8/8).

Kommandofahrzeug (KdoW/ELW) der FF. Bregenz. Landrover des Typs 88 mit einem Aufbau von Rosenbauer, ein 77-PS-Fahrzeug aus dem Jahre 1969. Das Kommandofahrzeug ist für eine Besatzung von 1+5 Personen vorgesehen und fungiert im Rahmen der Einsatzleitung. Es ist ausgerüstet mit einer vierteiligen ausziehbaren Funkantenne (Länge 8,60 Meter), einer Lautsprecheranlage und mit einer Vorbauseilwinde (1,2 Tonnen Leistung), dazu führt es diverses Werkzeug sowie ggf. Pulverlöschmittel mit.

Einsatzleit- und Vorausrüstwagen (ELW/VRW) der BF. Linz. Mercedes-Benz 280 GE mit Vorbauseilwinde, ausfahrbarem Blaulicht und Elektroblitzanlage am Fahrzeugheck, die für eine zusätzliche, nach hinten gerichtete Absicherung, vor allem bei Straßen- und Autobahneinsätzen, Sorge trägt. Das Fahrzeug wird demnach sowohl als Einsatzleitfahrzeug (die rote Rundumleuchte macht den ELW als solchen an der Einsatzstelle kenntlich!) als auch als Vorausrüstwagen eingesetzt. Dazu wird eine moderne Hilfeleistungs- und Bergeausstattung mitgeführt (Rettungsschere, Spreizer, u.a.).

Kommandowagen (KdoW) der FF. Bischofshofen. Der Stolz des Kommandanten: Mercedes-Benz 309 mit einer Einrichtung der Firma Rosenbauer. Das Fahrzeug wurde 1988 beschafft und von den Bischofshofener Wehrleuten in Eigenarbeit ausgerüstet.

Einsatzleitwagen (ELW) der FF. Krumpendorf. Kommandofahrzeug VW-Passat mit der für Einsatzleitfahrzeuge in Österreich typischen Rundumleuchte in Rot. Sie signalisiert an der Einsatzstelle das Leitfahrzeug bzw. den Standort der Einsatzleitung.

Einsatzleitwagen (ELW) der FF. St. Agatha. Geländegängiger Lada-Niva 1600 als Kommandofahrzeug mit akustischer Warnanlage (3 Lautsprecher!), Rot- und Blaulichter.

Einsatzleitwagen (ELW) der FF. Adnet. VW-Kombi — auch als Mehrzweckfahrzeug (MZW) eingesetzt.

Einsatzleitwagen (ELW) der FF. Schwaz. Modernstes Einsatzleit- und Kommandofahrzeug mit Rosenbauer-Ausrüstung, Frontblaulichtern (in der Bundesrepublik Deutschland werden diese Leuchten „Straßenräumer" genannt!) und einer optisch-akustischen Dachwarnanlage „Hella RTK 4-SL".

Kleinlöschfahrzeug (KLF) der FF. Gaissau. Ford-Transit-Taunus aus dem Jahre 1958 mit Haberkorn-Ausstattung.

Kleinlöschfahrzeug (KLF) der FF. Eisenstadt. Landrover mit Rosenbauer-Vorbaupumpe und feuerwehrtechnischer Ausstattung für den Erstangriff.

Kleinlöschfahrzeug (KLF-A) der FF. St. Agatha. Für Österreich typisches Kleinlöschfahrzeug der Kathegorie A (Allradversion) auf Ford Transit.

Tragkraftspritzenfahrzeug (TSF/LF) der FF. Krumpendorf. Mercedes-Benz 308 mit Aufbau und Ausrüstung der österreichischen Firma Marte.

Kleinlöschfahrzeug (KLF) der FF. Fussach. Ein ebenso typisches Fahrzeug für österreichische Feuerwehren des ländlichen Bereiches (vergleiche auch die vorstehenden Fotos!): VW-LT 35 mit österreichischer Normausrüstung.

Mehrzweckfahrzeug (MZW) der FwKdo. Wörthersee. Hier erhält die Bezeichnung „Alpenland Österreich'' ihre Berechtigung: als ein hochgeländegängiges, leistungsfähiges „Arbeitstier'' (so, wie es auch das „Haflinger''-Pferd in der Vergangenheit war!) für den Berg- und Geländeeinsatz wird dieses Mehrzweckfahrzeug von Steyr-Puch („Haflinger'' genannt) gesehen.

Einsatzleit- und Kommandowagen (ELW/KdoW) des FwKdo, Wörthersee, Der „Haflinger'' als Kommandofahrzeug mit kompletter Funk- und Geräteausstattung für die Einsatzleitung (mit hochgefahrenem Funkmast).

Kleinlöschfahrzeug (KLF-A) der FF. Oberhaag. „Pinzgauer'' nennt sich der größere Bruder des „Haflinger'', der dreiachsige, ebenfalls absolut geländegängige Steyr-Puch. Die Ausstattung entspricht nach österreichischer Norm der der vorstehend gezeigten Kleinlöschfahrzeuge: Tragkraftspritze (meist vom Typ Rosenbauer) mit einer Leistung von 1.200 l/min., dazu Schlauchmaterial, Arbeits- und Hilfeleistungsgerät, Preßluftgeräte sowie Löschbeladung (Handfeuerlöscher, Armaturen, u.a.). Die Bezeichnung „A'' weist ein allradgetriebenes Fahrzeug aus.

Tanklöschfahrzeug (TLF) der FF. Klagenfurt-Viktring/Stein-Neudorf. Steyr-Puch-Pinzgauer mit einem 1.100-Liter-Löschwassertank. Der Aufbau des intern als LF 20 bezeichneten Fahrzeug auf Chassis Typ 712 K 6x6 wurde von der Feuerwehr Klagenfurt in Eigenarbeit durchgeführt. Heckseitig wurde eine Tragkraftspritze TS 2,5 eingeschoben, zudem finden sich im Aufbau Staufächer für feuerwehrtechnisches Gerät und die notwendigen Löscharmaturen.

Tanklöschfahrzeug (TLF) der FF. St. Johann/Pongau. Als „Tank II'' wird dieser Opel-Blitz aus dem Jahre 1968 bei der St. Johanner Feuerwehr bezeichnet, ausgestattet mit einem 1.000-Liter-Löschwassertank und einer heckseitig eingebauten Hochdruckpumpe. Aufbau Rosenbauer.

Kleinlöschfahrzeug (KLF) der FF. St. Gallenkirchen. Land-Rover-Löschfahrzeug mit Müller-Aufbau (1970).

„Bergland-Löschfahrzeug'' (TSF/MZW) der BF. Linz. Dieser Mercedes-Benz-Unimog ist für verschiedenste Einsatzbereiche und Funktionen vorgesehen: ausgerüstet mit einer Tragkraftspritze und dem notwendigen feuerwehrtechnischen Gerät dient er als Tragkraftspritzenfahrzeug/Löschfahrzeug in gebirgigen Bereichen der Stadt Linz/Donau sowie für den Geländeeinsatz — mit Frontlader oder Schneepflug kann er technische Einsätze bewältigen.

Tanklöschfahrzeug (TLF-A-2000) der FF. Ludmannsdorf. Steyr 690-Tanklöschfahrzeug der nach österreichischen Einteilung nächstgrößeren Kathegorie (nach KLF und TLF 1000): geländegängiges Tanklöschfahrzeug mit einem 2.200-Liter-Löschwassertank und einem 220-Liter-Schaummitteltank.

Tanklöschfahrzeug (TLF-A) der FF. St. Johann/Pongau. Steyr 690 4x4 mit Rosenbauer-Aufbau: das Allrad-Löschfahrzeug („Tank I") aus dem Jahre 1979 ist mit einem 1.500-Liter-Löschwassertank ausgetattet, dazu zusätzlich mit Hilfeleistungs- und Bergematerial.

Tanklöschfahrzeug (TLF 2000) der FF. Bregenz-Rieden. Mercedes-Benz 1113 mit einem Aufbau von Rosenbauer, mit einem 2.400-Liter-Löschwassertank sowie mit einer Schaumzuladung von sechs Kanistern à 20 Liter. Das Fahrzeug ist darüber hinaus ausgerüstet mit einer Rosenbauer-Pumpe für Normal- und Hochdruck (1.600/250 l/min. bei 8/32 bar), einem Niederdruck-Schaumrohr (400 Liter), drei Preßluftatmern (dazu sechs Reserveflaschen), einer Pulverzuladung (1 PG 12, 1 CO 12) sowie mit einer 10-Meter-Schiebeleiter.

Tanklöschfahrzeug (TLF-A) der FF. Bischofshofen. MB 1113 (1972), Aufbau Rosenbauer/Seiwald, 4.000-l-Löschwasser, 140 l Schaumlöschmittel.

Tanklöschfahrzeug (TLF 2000) der FF. Krumpendorf. Standardlöschfahrzeug der 60er Jahre auf Steyr 680 (2.000-Liter-Tank, H/N-Pumpe).

Tanklöschfahrzeug (TLF 2000) der FF. Bregenz. Steyr 380 Diesel — Tanklöschfahrzeuges aus dem Jahre 1956 mit Metz/Haberkorn-Aufbau.

Universallöschfahrzeug (TroTLF/ULF) der FF. Bregenz-Vorklosters. Steyr 680 aus dem Jahre 1965 mit Aufbau der Firma Rosenbauer.

Universallöschfahrzeug (ULF-A) der WF. Biochemie Kundl. Modernes Trockentanklöschfahrzeug (TroTLF) auf Mercedes-Benz 1928 mit Rosenbauer-Aufbau. Das Fahrzeug ist ausgerüstet mit einem 3.000-Liter-Löschwassertank. 3.000 Liter Schaumlöschmittel und 250 kg Löschpulver. Die Löschmittel können über zwei Dachmonitore abgegeben werden.

Tanklöschfahrzeug (TLF 4000) der BF. Linz. Steyer 790 aus dem Jahre 1977 mit 4.000-Liter-Löschwassertank und 350 Liter Schaumlöschmittel.

Tanklöschfahrzeug (TLF 4000) der BF. Linz. Modernes Folgefahrzeug auf Steyr 791 aus dem Jahre 1980 (siehe nebenstehendes Foto).

Tanklöschfahrzeug (TLF 4000) der BF. Linz. Steyr 790 mit Rosenbauer-Aufbau, 4.000 Liter Löschwasser und 220 Liter Schaumlöschmittel.

Löschfahrzeug (LFB-A) der BF. Salzburg. Allrad-Löschfahrzeug mit Bergeausrüstung auf Steyr 10 S 18, Aufbau Rosenbauer aus dem Jahre 1989.

Tanklöschfahrzeug „Falcon" (TLF) der Firma Rosenbauer. Moderne Neuentwicklung des österreichischen Feuerwehrfahrzeugherstellers Rosenbauer: Titan TR. 15.280 MP mit Löschwassertank zwischen 2.000 und 3.700 Liter Fassungsvermögen, 200- oder 300-Liter-Schaummitteltank und 250 kg Pulverlöschmittel.

Drehleiter (DLK 23-12) der FF. Bregenz. Metz-Drehleiterfahrzeug auf Steyr 891 mit Fernfahrerkabine (!): das Fahrzeug aus dem Jahre 1985 ist für eine Besatzung von 1+4 Personen vorgesehen. Es ist — neben dem 30-Meter-Leiterpark von Metz/Deutschland — mit drehbarer Krankentragenlagerung, einem Wenderohr, Flutlichtscheinwerfern 2x 1000 Watt, einem Notstromaggregat (Leistung 5 kVA) sowie drei Preßluftatmern und sechs Selbstretter-Masken ausgerüstet. Die Drehleiter führt darüber hinaus eine spezielle, auf die Bedürfnisse der Bregenzer Feuerwehr abgestimmte feuerwehrtechnische Löschbeladung mit.

Gelenkmast (GM) der BF. Linz. Eine Simon-Snorkel-Gelenkbühne mit 31 Metern Aufstiegs- und Arbeitshöhe. Der Rettungs- und Arbeitskorb ist für maximal 365 kg Belastung ausgelegt, bei Monitoreinsatz jedoch nur für 220 kg. Der Gelenkmast ist mit einer Notleiter versehen. Baujahr des Fahrzeugs ist 1981.

Drehleiter (DLK 23-12 n.B.) der BF. Linz. Iveco-Magirus 120-25 niederer Bauart — ein Drehleitertyp, der auch bei den österreichischen Feuerwehren seine Freunde gefunden hat! Das erheblich flacher gebaute Fahrzeug — im Vergleich mit den herkömmlich gebauten Drehleiterfahrzeugen — ist vor allem für Altstadtbereiche mit niedrigen Durchfahrtshöhen geeignet.

Gerätewagen (GW) der FF. Hohenems. Geräte- und Mehrzweckfahrzeug auf Mercedes-Benz 206 Diesel.

Mannschaftstransportwagen (MTW) der FF. Rankweil. Fiat in Österreich — ein Sonderfall?!

Gerätewagen (GW-Elektro) der BF. Linz. Gerätefahrzeug für Einsätze im Elektrobereich: Mercedes-Benz 608 D mit „Twin-Sonic-Blaulichtanlage".

Gerätewagen (GW-A) der FF. Bischofshofen. Atemschutzgerätefahrzeug auf Mercedes-Benz 508 D des Landesfeuerwehrverbandes Salzburg.

Lastkraftwagen (Lkw) der FF. Bischofshofen. Mercedes-Benz 406 D - ein Pritschenfahrzeug für unterschiedlichste Transportaufgaben.

Wechselaufbaufahrzeug (WAF) der BF. Linz. Steyr 91 mit Pritschenaufbau und Ladekran.

Wechselaufbaufahrzeug (WAF) der BF. Linz. Steyr 91 mit Container für Geräte, Rüstholz, u.a.

Tankwagen (TW) der BF. Linz. MAN/Austria-Fiat mit 16.800-Liter-Tank (4 Kammern): ehemaliger Tankwagen (Zivilfahrzeug) umgerüstet.

Vorausrüstwagen (VRW) der FF. Bregenz-Vorklosters. Chevrolet-Blazer aus dem Jahre 1978 mit Eigenausbau.

Vorausrüstwagen (VRW) der WF. VKW. Chevrolet-Blazer mit Marte-Aufbau und -ausrüstung.

Löschrüstfahrzeug (HLF/LFA-B) der FF. Bischofshofen. Mercedes-Benz-Unimog 1300 L aus dem Jahre 1986 mit Aufbau der Firma Rosenbauer, Rotzler-Seilwinde, Vorbau-Feuerlöschpumpe R 120 (Rosenbauer), Stromerzeuger 8 kVA Leistung und anderes feuerwehrtechnische Material.

Rüstwagen (RW 3/SRF) der FF. St. Johann/Pongau. Schweres Rüstfahrzeug auf Mercedes-Benz 1222.

Rüstlöschfahrzeug (HLF/RLF) der BF. Linz. Modernstes Hilfeleistungsfahrzeug mit 3.000-Liter-Löschwasser und 220 Liter Schaumlöschmittel.

Gerätewagen (GW-U) der BF. Linz. „Gefährliche Stoffe-Fahrzeug'' (GSF) wird der Gerätewagen-Umweltschutz in Linz benannt, ein Fahrzeug auf Steyr 591-Fahrgestell aus dem Jahre 1985 mit Rosenbauer-Aufbau. Die feuerwehrtechnische Beladung des Gerätewagens entspricht seiner Aufgabenstellung.

Wechselaufbaufahrzeug (WAF) der LdFwV. Vorarlberg. Steyr 91 mit Spezialcontainer (Wechselaufbau) „Umweltgefährdende Stoffe'' zur Aufnahme und zum Abtransport (auch Umpumpen) gefährlicher Flüssigkeiten.

Flugfeldlöschfahrzeug (FLF) der FlFw. Graz. Tanklöschfahrzeug aus dem Jahre 1963 mit Aufbau der österreichischen Firma Rosenbauer auf Mercedes-Benz 322 LAK. Das Fahrzeug führt 3.000 Löschwasser mit sich.

Flugfeldlöschfahrzeug (FLF) der FlFw. Graz. Modernes Tanklöschfahrzeug aus dem Jahre 1982 auf ÖAF 26.440 (6x6). Der Aufbau stammt ebenfalls von Rosenbauer. Das Fahrzeug ist ausgestattet mit 9.000 Liter Löschwasser und 1.000 Liter Schaumlöschmittel.

Tanklöschfahrzeug (TLF 2000) des Österreichischen Bundesheeres. Steyr 680 als Tanklöschfahrzeug der Militär-Feuerwehr. Ein Fahrzeug dieser Art ist dem ABC-Zug zugeordnet.

Tanklöschfahrzeug (TLF 4000) des Österreichischen Bundesheeres. MAN 19-280 R/Austria-Fiat, die moderne Version des vorstehenden Tanklöschfahrzeuges.

ITALIEN

Kleinlösch- und Mehrzweckfahrzeug (KLF/MZW) der FF. St. Candido. Auch bei den italienischen Feuerwehr-Einsatzfahrzeugen zunächst einmal ein „Beinahe-Oldtimer", der aber eine ganze Generation von Feuerwehrfahrzeugen repräsentiert, die in den 60er und 70er Jahren bei den Dorffeuerwehren Italiens und insbesonders Südtirols im Einsatz standen. Hier ein VW I als Mehrzweckfahrzeug — mit entsprechendem Gerät versehen wurde das Fahrzeug als Kleinlöschfahrzeug eingesetzt.

Kleinlöschfahrzeug (KLF) der FF. Issing. Hier bereits eine etwas modernere Ausführung dieserart Kleinlöschfahrzeuge (VW II), die noch vor nicht allzu langer Zeit bei der Dorffeuerwehr Issing/Südtirol aktiven Dienst leistete. Ausgerüstet war das Fahrzeug mit feuerwehrtechnischen Gerät (TS) und Material sowie einer Schiebeleiter.

Kleinlöschfahrzeug (KLF) der FF. Toblach. Noch einmal eine Version des VW-Kombi als Kleinlöschfahrzeug: es unterscheidet sich vom vorstehenden Fahrzeug durch die Kombibauweise (oben Kastenwagen) sowie durch unterschiedliche mitgeführte Leitern.

Mehrzweckfahrzeug (MZW) der FF. Issing. Ein typisch italienisches Feuerwehrfahrzeug: „Fiat Campagnola'' mit Tragkraftspritzenanhänger.

Mehrzweckfahrzeug (MZW) der FF. Bruneck. Hier ein Fiat-Campagnola mit Steckleitersatz — ebenfalls als Mehrzweckfahrzeug eingesetzt, 1970.

Vorausrüstwagen (VRW) der BF. Bozen. Modernerer Fiat-Campagnola als Vorausfahrzeug für Verkehrunfälle bzw. bei technischen Notfällen.

Einsatzleitwagen (ELW) der FF. Toblach. Jeep-Geländewagen als Führungsfahrzeug.

Einsatzleitwagen (ELW). Alfa-Einsatzleitwagen und Kommandofahrzeug einer italienischen Berufsfeuerwehr.

Mannschaftstransportwagen (MTW) der BF. Bozen. Mercedes-Benz 280 GE als Mannschafts- und Vorausfahrzeug.

Einsatzleitwagen (ELW) der FF. Bozen. Dieser Fahrzeugtyp (VW 181) war in Italien eher selten bei den Feuerwehren im Einsatz.

Einsatzleit- und Funkkommandowagen (ELW/KdoW) der FF. Bruneck. VW-Synchro aus dem Jahre 1988, ausgerüstet mit zwei Funksprechgeräten, Gasmeßgeräten und Einsatzliteratur (Pläne, usw.).

Kleinlöschfahrzeug (KLF) der FF. Weissenbach. Chevrolet-Van 30 mit Tragkraftspritze, Schiebeleiter und feuerwehrtechnische Ausrüstung.

Einsatzleit- und Mehrzweckfahrzeug (ELW/MZW) der FF. Stegen. Mercedes-Benz 280 GE, als Kleinlösch-, Geräte- und Mannschaftswagen.

Tragkraftspritzenfahrzeug (TSF) der FF. Brixen. Ford-Transit-Allradfahrzeug mit Aufbau (Ausrüstung) der Firma Marte/Österreich. Bei Feuerwehren, vorwiegend im Bereich Südtirols, findet man nicht selten Feuerwehrfahrzeuge der österreichischen Hersteller Marte oder Rosenbauer.

Tragkraftspritzenfahrzeug (TSF) der FF. Brixen. Ford-Transit-Allradfahrzeug, ausgerüstet als TSF mit 10-Meter-Schiebeleiter.

Kleinlöschfahrzeug (KLF) der FF. Issing. KLF auf VW-LT 35 mit Ausstattung der deutschen Firma Ziegler.

Waldbrandlöschfahrzeug (LF-W) der FF. Brixen. Fiat-Campagnola mit Löschausrüstung für den Waldbrandeinsatz. Das Fahrzeug ist ausgerüstet mit einer Tragkraftspritze 8/8, mit Schlauchmaterial sowie mit Sägen, Spaten und Feuerpatschen.

Tanklöschfahrzeug (TLF) der FF. Brixen. Land-Rover mit Aufbau Baribbi/ Rosenbauer. Schnelleins.- und Waldbrandlöschfahrz., 500-l-Löschwassertank.

TLF (Heckansicht). Heckansicht des TLF aus Brixen: mit Rolladenverschluß abgedeckter Pumpenraum, aufgelagert die Schnellangriffshaspel.

Waldbrandlöschfahrzeug (TLF-W) der BF. Bozen. Ein ähnliches Kleinlöschfahrzeug — speziell für den Waldbrandeinsatz: Land-Rover mit 500-l-Löschwassertank.

TLF-W (Heckansicht) Löschwassertank und Armaturen sind auf der offenen Pritsche angeordnet.

Rüstwagen (RW 1) der FF. Brixen. Fiat 90 PC mit einem Aufbau von Rosenbauer/Österreich. Das allradgetriebene Fahrzeug weist eine Motorleistung von 122 PS auf und ist mit einer 5-Tonnen-Rotzler-Winde sowie mit einem 7-Meter-Lichtmast ausgerüstet. Die feuerwehrtechnische Ausrüstung entspricht der des deutschen Rüstwagens (RW 1).

Tanklöschfahrzeug (TLF) der BF. Bozen. Fiat 75 PC mit Aufbau der italienischen Firma Baribbi. Das Fahrzeug ist ausgerüstet mit 1.800-Liter-Löschwassertank. Dieses und das vorstehende Foto zeigen zwei typisch italienische Feuerwehr-Einsatzfahrzeuge mittlerer Größenordnung.

Tanklöschfahrzeug (TLF) der FF. Bruneck. Mercedes-Benz-Unimog aus dem Jahre 1982 mit einem Aufbau der Firma Rosenbauer. Das Fahrzeug führt einen 1.300-Liter-Löschwassertank und 100 Liter Schaumlöschmittel mit. Die eingebaute Feuerlöschpumpe hat eine Leistung von 2.000 l/min. bei 8 bar. An dieser Stelle ein Hinweis: südtiroler Feuerwehrfahrzeuge weisen in der Regel eine zweisprachige Beschriftung auf: entweder stehen die italienische und deutsche Beschriftung zusammen (z.B. Freiwillige Feuerwehr/Vigili del Vuoco volontaria) oder — wie es bei der Freiwilligen Feuerwehr Bruneck gemacht wird — die eine Tür erhält die deutsche, die andere Tür die italienische Beschriftung!

Tankwagen (TW) der BF. Bozen. Tankfahrzeug Fiat 639 N 3 zur Auslieferung von Trinkwasser. Die offene Pritsche bietet zwei Alu-Tanks für je 3.000 Litern Frischwasser Platz. Eingesetzt wird das Fahrzeug dort, wo Wasser aus dem Leitungsnetz nicht als Trinkwasser genutzt werden kann.

Tanklöschfahrzeug (TLF). Tanklöschfahrzeug einer süditalienischen Feuerwehr, über das keine weiteren Einzelheiten bekannt sind. Trotzdem erscheint dieses Fahrzeug mit seinem etwas außergewöhnlichen Tankaufbau für Fahrzeugfreunde sicher nicht uninteressant.

Tanklöschfahrzeug (TLF) der FF. Bruneck. Auch dieses Fahrzeug gilt als typisch für den Bereich italienischer Feuerwehrfahrzeuge: ein Fiat 684 aus dem Jahre 1973 mit Aufbau des österreichischen Herstellers Rosenbauer, ausgerüstet mit einem 3.000-Liter-Löschwassertank sowie mit 250 Liter Schaumlöschmittel. Das Fahrzeug führt eine Rosenbauer-Hochdruckpumpenanlage („Rosenbauer 65") mit Monitor. Mitgeführt werden zudem Leicht-, Mittel- und Schwerschaumrohre, Atemschutzausrüstung sowie Bergeausrüstung.

Tanklöschfahrzeug (TLF) der FF. Cavalese. Mercedes-Benz 1222 mit Aufbau des deutschen Herstellers Ziegler. Fahrzeuge dieser Art sind in Italien relativ selten anzutreffen — bestenfalls findet man sie bei größeren bzw. Berufsfeuerwehren. Die Ausrüstung dieses TLF entspricht der des deutschen TLF 16, zudem ist das Fahrzeug mit feuerwehrtechnischem Zusatzgerät und einem Dachmonitor ausgestattet.

Tanklöschfahrzeug (TLF) der BF. Brixen. Magirus-Deutz 192 D 11 mit Truppfahrerhaus, ein Allradfahrzeug mit 3.400-Liter-Löschwassertank, einer Hoch- und Normaldruckpumpe (Leistung 3.200/250 l/min. bei 8/40 bar), zwei Schnellangriffshaspeln und einem Wasser/Schaum-Monitor der Firma Total.

Tanklöschfahrzeug (TLF) der BF. Bozen. Fiat 619 N 1 mit Aufbau der Firma Baribbi. 6.000-Liter-Löschwassertank, ca. 1975.

Tanklöschfahrzeug (TLF) der FF. Brixen. Fiat 684 N mit Aufbau von Baribbi/Rosenbauer: 3.000-Liter-Löschwasser, 300 Liter Schaumlöschmittel.

Tanklöschfahrzeug (TLF) der BF. Bozen. Mercedes-Benz 1936 mit Rosenbauer-Aufbau, 7.000-Liter-Löschwassertank und Dachmonitor.

Tanklöschfahrzeug (TLF) der BF. Bozen. Derzeit das modernste Fahrzeug bei der Bozener Berufsfeuerwehr: ein Mercedes-Benz 1120 mit Rosenbauer-Aufbau, Monitor, Allradantrieb und einem 3.500-Liter-Löschwassertank. Baujahr des Fahrzeuges ist 1988.

Tanklöschfahrzeug (TLF) der BF. Bozen. 2.000-Liter-Tanklöschfahrzeug auf Fiat 80 mit Aufbau des italienischen Herstellers Baribbi.

Drehleiter (DL 25) der FF. Bruneck. Fiat 130 mit einem Aufbau von Rosenbauer/Österreich und Ehrsam/Schweiz — ein etwas ungewöhnliches Fahrzeug aus dem Jahre 1976, ausgerüstet mit einer Leiter von ca. 25 Metern Ausfahrhöhe, ergänzt mit einem Leiter-Anschlußstück von 2 Metern (DL 25/2). Das Fahrzeug führt keinen Arbeits- und Rettungskorb mit, jedoch einen Rettungsschlitten für den Abwärtstransport. Zur Ausrüstung der Drehleiter gehören weiterhin Pulverlöscher, Schlauch- und Zubehörmaterial.

Kranwagen (KW 24) der BF. Florenz. Schweres Kran- und Bergefahrzeug auf Fiat 3000 mit Orentini-Aufbau, 10-Tonnen-Frontseilwinde und Gruppenkabine.

Kranwagen (KW 32) der BF. Bozen. Zwei Kranfahrzeuge hält die Berufsfeuerwehr Bozen für Rüst- und Bergeeinsätze — nicht selten auf der Brenner-Autobahn — vor: hier das modernere 32-Tonnen-Fahrzeug des Herstellers Christianini mit Fiat-Motor.

Kranwagen (KW 40) der BF. Bozen. Vorgänger-Fahrzeug mit einer Tragkraft von 40 Tonnen. Der Aufbau stammt ebenfalls vom italienischen Hersteller Christianini.

Bergland-Löschfahrzeug (KLF) der FF. Bruneck. Land-Rover aus dem Jahre 1984, ausgerüstet mit einer Tragkraftspritze 8/8 und mit Atemschutzausrüstung. Aufbau und Ausstattung des Kleinlöschfahrzeuges stammt von der Firma Rosenbauer.

Gerätewagen (GW) der FF. Bruneck. VW-Pritschenwagen aus dem Jahre 1961, früheres Kleinlöschfahrzeug (KLF), heute als Transporter genutzt.

Vorausrüstwagen (VRW) der FF. Brixen. Ford Sierra 4x4 mit hydraulischem 5-Meter-Lichtmast, Ausstattung von der österreichischen Firma Marte.

Gerätewagen (GW). Iveco-Turbo Daily 35-10 als Geräte- und Transportfahrzeug einer süditalienischen Feuerwehr.

Rüstwagen (RW-Elektro) der FF Bruneck. Fiat/Iveco-Daily 35-10 aus dem Jahre 1986 — als Klein-Rüstwagen für den Elektroeinsatz ausgerüstet.

Gerätewagen (GW-Öl) der FF. Brixen. VW-LT 35 mit Eigenausbau als Ölwehrfahrzeug, ausgerüstet mit Be- und Abluftgerät, Wasserstaubsauger sowie feuerwehrtechnischem Material für die Ölschadensbekämpfung.

Lastkraftwagen (Lkw). Fiat 90 PC als Transportfahrzeug einer süditalienischen Feuerwehr.

Lastkraftwagen (Lkw). Fiat-Iveco 330-35 mit Sattelauflieger als Großraum-Transportfahrzeug einer italienischen Feuerwehr.

Drehleiter (DL 30) der FF. Meran. Erstes Magirus-Drehleiter-Frontlenkerfahrzeug, 186 PS, Baujahr 1969.

Gerätewagen „Umweltschutz" (GW-U) der FF. Meran. MB 1120 mit Schmitz-Aufbau, Baujahr 1990.

Sondereinsatzfahrzeug der FF. Untermais. Ehemaliges Wehrmachtsfahrzeug Dodge aus dem Jahre 1935, ab 1948 im Besitz der Feuerwehr, lief bis 1965 als Kleinlöschfahrzeug (KLF) — heute u.a. für Schneeräumung eingesetzt.

Gelenkmast (GM). „Cellar Fire Defender 720" — der höchste Gelenkmast der Welt! Die italienische Firma Cella aus Brescia hat 1988 diesen Gelenkmast mit einer Arbeits- und Rettungshöhe von 72 Metern an eine spanische Feuerwehr ausgeliefert. Das Hubrettungsgerät ist aufgebaut auf ein vierachsiges Kranfahrgestell. Das Fahrzeug erreicht damit ein Gesamtgewicht von 48 Tonnen. Das von Cella nach Spanien (BF. Barcelona) ausgelieferte Fahrzeug wurde zusätzlich ausgerüstet mit einer Godiva-Feuerlöschpumpe mit Hoch- und Normaldruck und einer Leistung von 2.400/250 l/min. sowie mit Korbmonitor, Krankentragenlagerung und Anschlüsse für Hydraulikwerkzeuge.

JUGOSLAWIEN

Einsatzleitwagen (ELW) der FF. Calje. Unsere Fotoauswahl jugoslawischer Feuerwehr-Einsatzfahrzeuge soll — ohne den Anspruch auf Vollständigkeit erheben zu wollen — die wichtigsten Grundtypen des Landes vorstellen, Fahrzeuge, die auch der Besucher Jugoslawiens immer mal wieder im Einsatz, im Straßenverkehr und vielleicht auch mal auf den örtlichen Feuerwachen zu sehen bekommt. Hier zunächst eine Zastava-Limousine mit der für jugoslawische Einsatzleit- und Führungsfahrzeuge typischen weißen Motorhaube.

Einsatzleitwagen (ELW), BF. Jugoslawische TAS-Lizenzproduktion des bundesdeutschen VW-Golf.

Einsatzleitwagen (ELW) der BF. Kranj/Slowenien. Hin und wieder finden man unter den Feuerwehr-Einsatzfahrzeugen Jugoslawiens Ostblock- bzw. Fahrzeuge aus DDR-Produktion. Hier beispielsweise ein Wartburg-Pkw als ELW und Führungsfahrzeug.

Einsatzleitwagen (ELW) der FF. Bled. Geländewagen Lada-Niva aus dem Jahre 1985.

Kleinlöschfahrzeug (KLF) der FF. Trebija. Im Bereich kleiner und mittlerer Feuerwehr-Einsatzfahrzeug hat sich die Firma IMV spezialisiert. Typisch für Freiwillige Feuerwehren des Landes ist vor allem der IMV 1600 sowie die verlängerte Ausführung mit drei Achsen (siehe weitere Fotos). Das Fahrzeug ist mit dem notwendigsten feuerwehrtechnischen Material (Tragkraftspritze, Schlauchmaterial, Gerätschaften) für den Ersteinsatz ausgerüstet und in etwa dem deutschen Tragkraftspritzenfahrzeug (TSF) vergleichbar.

Kleinlöschfahrzeug (KLF) der FF. Lancovo. Ähnliches Fahrzeug wie vorstehend, jedoch mit offenliegendem Dachgepäckträger.

Geräte- und Mehrzweckfahrzeug (GW/MZW). Dieses Fahrzeug, ebenfalls vom Typ IMV, wird sowohl als Mehrzweckfahrzeug für unterschiedlichste Aufgaben als auch als Gerätezubringer bei größeren Einsätzen genutzt.

Kleinlöschfahrzeug (KLF) der FF. Bela. IMV 2200 D — der jugoslawische Nutzfahrzeug-Hersteller hat sich auf die Produktion dieser Art dreiachsiger Löschfahrzeuge spezialisiert, ein Fahrzeugtyp, der in Jugoslawien und bei den dortigen Freiwilligen Feuerwehren häufig zu finden ist. Ein Renault-Motor treibt die erste Achse an. Dieser Typ Kleinlöschfahrzeug bietet im Vergleich mit den zweiachsigen IMV-Fahrzeugen natürlich wesentlich mehr Platz für Mannschaft und Gerät.

Löschfahrzeug (LF) der FF. Veriga/Lesce. Löschfahrzeug mittlerer Größenordnung des Fahrzeugherstellers TAM vom Typ 80 T 5. Es handelt sich hier ebenfalls um ein typisches Löschfahrzeug für kleinere Feuerwehren. Das Fahrzeug ist für eine Besatzung von 1+8 Personen vorgesehen und ist mit einer Feuerlöschpumpe (Leistung 800 l/min. bei 10 bar) ausgerüstet. Der Aufbau und die Ausstattung stammt von der jugoslawischen Firma Karoserist.

Löschfahrzeug (LF). Zastava 35-8 mit Vatrosprem-Aufbau.

Löschfahrzeug (LF) der FF. Radovjlica. Ford-Transit mit Vatrosprem-Aufbau und -ausrüstung. Ford-Löschfahrzeuge sind bei den Feuerwehren Jugoslawiens relativ selten zu finden. Dieses Fahrzeug entspricht in etwa dem deutschen Tragkraftspritzenfahrzeug (TSF).

Löschfahrzeug (LF) der FF. Tunjice. TAM 75 T 5-Standardlöschfahrzeug, jedoch mit erhöhtem Kabinenaufbau.

Vorausrüstwagen (VRW) der BF. Kranj. Mercedes-Benz 300 GD als Vorauslösch- und -Rüstwagen: es handelt sich hier um ein Serienfahrzeug mit Eigenausstattung (Löschgerät, Hilfeleistungsgerät). Das Fahrzeug wird zudem als Einsatzleit- und Führungsfahrzeug (ELW/FüF) genutzt.

Drehleiter (DLK 30/LB) der BF. Kranj. Magirus-Deutz 310 als Leiterbühne mit 30-Meter-Leiter, ein modernes Importfahrzeug in Tagesleuchtrot (RAL 3024).

Drehleiter (DLK 23) der FF. Bled. Hier handelt es sich um eine jugoslawische Lizenzproduktion auf TAM 190 T 15: der vierteilige Leiterpark stammt von Magirus/Deutschland.

Mannschaftstransportwagen (MTW) der FF. Zwecevo. TAM 75 A 5 mit bis zu 20 Plätzen zur Mannschaftsbeförderung.

Mannschafts- und Mehrzweckfahrzeug (MTW/MZW). TAM 75 T 3 mit Platz für 1+8 Personen Besatzung sowie für feuerwehrtechnisches Gerät im hinteren Laderaum. Fahrzeuge gleichen Typs werden von TAM auch als Löschfahrzeuge mit Feuerlöschpumpe 8 — (Leistung 800 l/min. bei 10 bar) ausgestattet.

Mehrzweckfahrzeug (MZW) der BF. Kranj. Fiat-Iveco Typ Daily 30-8 in blauer Farbgebung. Das Fahrzeug wurde aus dem Normallieferprogramm erworben und wird für allgemeine Transportaufgaben vorgesehen. Baujahr des MZW: 1986.

Mehrzweckwagen (MZW). Zastava-Lizenzproduktion von Fiat/Italien als Feuerwehrfahrzeug für allgemeine Transportaufgaben.

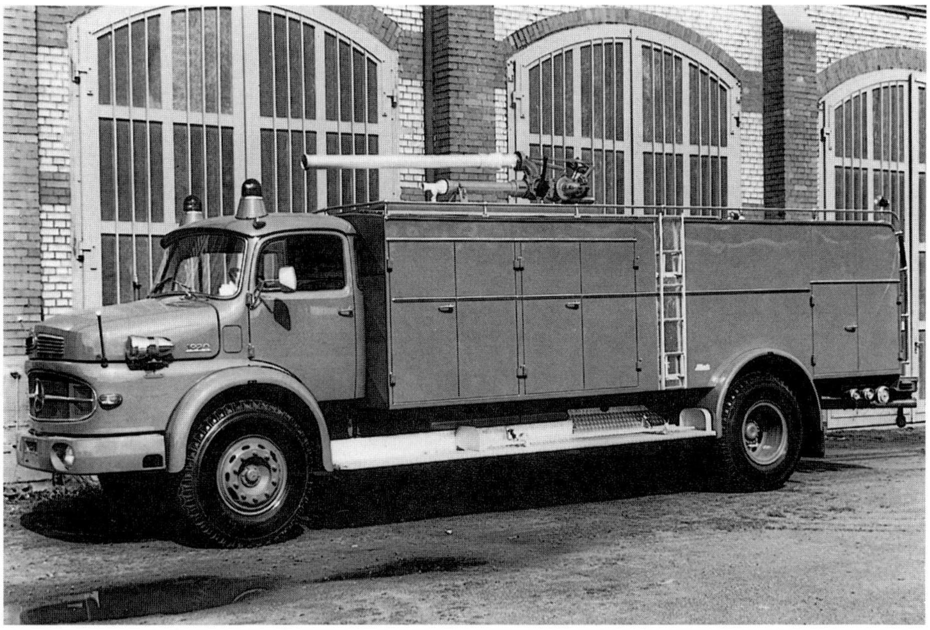

Schaumlöschfahrzeug (SLF). Schaumtanklöschfahrzeug einer BF in Jugoslawien. Mercedes-Benz 1920 mit Aufbau der Firma Metz, Karlsruhe — ein „Oldtimer'', der sicher nicht mehr im Dienst steht, aber dennoch nicht uninteressant ist: Baujahr 1967, Fahrzeug mit 8.000 Liter Löschwasser und mit 800 Liter Schaumlöschmittel, ausgestattet mit einer Feuerlöschpumpe 24/8 (Leistung 3.000 l/min.) und einem Werfer (Leistung 1.600 l/min.).

Tanklöschfahrzeug (TLF). Modernes Löschfahrzeug des Herstellers TAM auf Fahrzeugtyp 130 T 11 mit 4.000-Liter-Löschwassertank und 400 Liter Schaumlöschmittel. Die heckseitig eingebaute Feuerlöschpumpe hat eine Leistung von 1.600 l/min. bei 8 bar.

Tanklöschfahrzeug (TLF) der FF. Bistrica. Mercedes-Benz 1213 mit offenliegendem Tankaufbau für ein Fassungsvermögen von 6.500 Litern Löschwasser. Die Feuerlöschpumpe sowie der Dachmonitor wurden von der Firma Vatrosprem ein- bzw. aufgebaut.

Tanklöschfahrzeug (TLF) der Firma TVT „Boris Kidric". Stolz wird dieses Tanklöschfahrzeug der Firma TVT/Maribor auf einer regionalen Messe in Jugoslawien vorgestellt. Die Firma produziert Fahrzeuge auf Magirus/TAM-Chassis in kleiner Stückzahl. Es handelt sich um einen TAM 110 T 10 mit einem 5.000-Liter-Löschwassertank und einer Feuerlöschpumpe FLP 16/8.

Tanklöschfahrzeug (TLF) der FF. Gorje. TAM 170 T 14 mit einem Aufbau der Firma Karoserist. Das Fahrzeug ist ausgestattet mit einem 3.000-Liter-Löschwassertank und 300 Litern Schaumlöschmittel, dazu mit einer Feuerlöschpumpe 16/8 /R 165).

Rüstwagen (RW) der FF. Jesenice. TAM 150 T 11 als schweres Rüstfahrzeug mit Aufbau und Ausstattung der Firma Karoserist. Das geländegängige 150-PS-Fahrzeug verfügt durch den in den Aufbau integrierten Mannschaftsraum Platz für insgesamt 6 Personen. Das Fahrzeug ist ausgerüstet mit schwerem Hilfeleistungs- und Bergungsgerät sowie mit einem 20 kVA-Generator und einer Frontseilwinde mit 5 Tonnen Zugkraft.

Waldbrände — in südeuropäischen Ländern eine besonders ernste Gefahr!

Südeuropäische Staaten

Spanien — Portugal — Griechenland — Türkei

Dieses Kapitel unseres Buches „Feuerwehrfahrzeuge in Europa'' mag an den alljährlichen Sommerurlaub erinnern: herrliche Sonne in Spanien und Portugal, antike Sehenswürdigkeiten und romantisches Inselleben in Griechenland, Abenteuer und beeindruckende Gastfreundschaft in der Türkei!

Wo aber bleibt die Feuerwehr dieser vier Staaten im Süden Europas, wer kennt die Organisationen der „Bomberos'', „Bombers'' oder „Belediyesi'', ihre Fahrzeuge?! Hin und wieder vielleicht hört man von ihnen in den Medien, meist nach einem heißen Sommer, wenn es die großen Flächen- und Waldbrände im Innern des Landes oder an den Küsten zu bekämpfen gilt, von denen man aber als Besucher der südeuropäischen Länder oder als unbedarfter Tourist in den Ferienhochburgen meist nur wenig oder gar nichts mitbekommt. Eigentlich stimmt es schon, daß die Feuerwehren in Spanien, Portugal, Griechenland oder in der Türkei ihre Arbeit eher im Stillen versehen und daß dort spektakuläres Auftreten in der Öffentlichkeit nicht die Regel ist. Und als „Fremder'' in diesen Ländern einen Kontakt zu Feuerwehren aufzubauen, scheitert — falls überhaupt Interesse daran besteht — meist schon an Sprachproblemen. Und sicherlich ist ein gewisses Mißtrauen dort auch nicht von der Hand zu weisen, was zunächst gar nicht negativ oder ablehnend zu verstehen ist, sondern eher in die Mentalität der Bevölkerung — in Sonderheit, was so „spannende Dinge'' wie Feuerwachen oder Feuerwehrfahrzeuge angeht — paßt.

Nichts desto trotz sind Kontakte zwischen Angehörigen von Feuerwehren verschiedenster Staaten vor Ort immer wieder ein Erlebnis, geprägt von unbeschreiblicher Gastfreundschaft, Aufgeschlossenheit, Hilfsbereitschaft und Stolz über das, was in den dortigen Feuerwachen zu zeigen und zu präsentieren ist.

Auch wenn technische oder taktische Standards im Vergleich zu anderen Ländern Europas noch immer zum Teil wesentliche Unterschiede aufweisen, so sollten die folgenden Seiten über die Feuerwehren Südeuropas die „Bande'' zwischen Feuerwehrkameraden, Urlaubsgästen oder Besuchern ein wenig fördern und auf der Basis gegenseitigen Verständnisses festigen.

Die Organisation und Struktur der einzelnen Feuerwehren im Süden Europas sind zum Teil recht unterschiedlich. So sind die „Bomberos'' **Spaniens** in der Regel auf Provinzebene organisiert. Als „Oberster Befehlshaber'' und Fachinstanz für das Brandschutzwesen im Lande gilt der Provinz-Gouverneur. In Spanien gibt es nur relativ wenige Freiwillige Feuerwehren, die auf dem Lande und in den Dörfern operieren und die oft ohne bedeutende personelle und materielle Ausstattung auskommen müssen.

Dagegen existieren in den Großstädten des Landes und in dem jeweiligen Umfeld der Zentren Berufsfeuerwehren, die der kommunalen Verwaltung unterstehen.

Die Aufgaben spanischer Feuerwehren sind im Wesentlichen die gleichen wie die anderer Staaten: Brandschutz steht hier allerdings an erster Stelle, was aufgrund der städtebaulichen Situationen und der witterungsbedingten Probleme nicht verwundert. Die Gefahr der Flächen- und Waldbrände ist in Spanien besonders groß, Wassermangel vor allem in ländlichen Bereichen, aber auch in den Städten, führt immer wieder zu erheblichen Problemen bei den Löschmaßnahmen. Tanklöschfahrzeuge gelten von daher im Lande als die wohl wichtigsten und effektivsten Feuerwehrfahrzeuge.

Eine über die Landesgrenzen hinweg bedeutende Feuerwehrfahrzeug-Industrie besteht in Spanien nicht. Der bekannteste nationale Fahrzeug- und Aufbauhersteller Fimesa allerdings bietet eine ausreichende Palette an Standardfahrzeugen an, die Firma Pegaso liefert in der Regel die Chassis für einen größten Teil der spanischen Einsatzfahrzeuge. Ansonsten konnte die deutsche Brandschutzfirma Magirus ihre Position im Lande ausbauen, zahlreiche Tanklösch- und Drehleiterfahrzeuge stehen auf den Feuerwachen vor allem der Berufsfeuerwehren in den Großstädten. Die Importfahrzeuge aus Österreich, Großbritannien oder Frankreich machen nur einen unwesentlichen Teil des Gesamtfahrzeugparks in Spanien aus.

Zwei Besonderheiten sind an dieser Stelle sicherlich von Interesse: die ehemalige britische Kronkolonie und heutiger Militärstützpunkt **Gibraltar** am südlichsten Zipfel des europäischen Kontinents und der „Zwergstaat'' Andorra in den spanischen Pyrenäen.

Etwa viereinhalb Kilometer lang und nur gut 1200 Meter breit ist Gibraltar, ein Felsen, der mit Spanien über eine Landzunge verbunden ist. 1704 wurde das sechs Quadratkilometer große Gebiet an das englische Königreich angegliedert und späterhin zu einer aus der Sicht der Engländer strategisch unverzichtbaren Verteidigungsfestung ausgebaut. Die Berufsfeuerwehr Gibraltar arbeitet in enger Kooperation mit der militärischen Feuerwehr der Royal Air Force bzw. der Royal Navy zusammen — ihre Fahrzeuge zeigen deutlich den britischen Einfluß. Die Fahrzeuge der Militärfeuerwehr Gibraltars entsprechen denen anderer britischer Militärfeuerwehren in der Bundesrepublik Deutschland.

Andorra, ein Kleinstaat in den spanischen Pyrenäen mit einer Fläche von knapp 500 Quadratkilometern, ist ein autonomes Fürstentum mit eigener Berufsfeuerwehr. Zwei Feuer- und Rettungswachen gibt es in Andorra, auf denen insge-

SPANIEN

Tanklöschfahrzeug (TLF). Aus Beständen deutscher Feuerwehren: ein Magirus-Deutz-Mercur 150, ehemals als Großtanklöschfahrzeug oder Zumischerlöschfahrzeug in der Bundesrepublik im Einsatz. Und warum nicht einmal ein solches Fahrzeug als „rollende Wahlwerbung''?!

Kleinlöschfahrzeug (KLF) der BF. Granada. Suzuki-Santana SJ-410 als Erstangriffsfahrzeug aus dem Jahre 1987. Das Serienfahrzeug wurde in Eigenarbeit für feuerwehrtechnische Zwecke hergerichtet und mit Standrohren, Schläuchen und Leiter ausgerüstet. Beschafft wurde das Einsatzfahrzeug mit finanzieller Unterstützung der Landesregierung Andalusiens.

Vorausrüstwagen (VRW) der BF. Barcelona. Land-Rover aus dem Jahre 1986, eingesetzt als Kleinrüstwagen für diverse technische Hilfeleistungen. Aufgrund städtebaulicher Verhältnisse bevorzugen auch Großstadtfeuerwehren in Spanien kleine, oft geländegängige Einsatzfahrzeuge, um möglichst schnell den jeweiligen Einsatzort trotz enger und verwinkelter Straßen und nicht selten dichtem Verkehr zu erreichen.

Mehrzweckfahrzeug (MZW) der BF. Barcelona. Eingesetzt wird dieser Jeep aus dem Jahre 1986 als Mehrzweckfahrzeug.

Kleinlöschfahrzeug (KLF) der BF. Olvera/Cadiz. Land-Rover-Santana, Baujahr 1965, Aufbau Fimesa, 400-500 Liter Löschwasser.

samt 16 Einsatzfahrzeuge bereitstehen. Vom Toyota-Landcruiser über den Renault R 4 bis hin zum Mercedes-Benz-Unimog oder Magirus-Fahrzeugen ist hier einiges an interessanten Fahrzeugen zu finden.

Da der Krankentransport- und Rettungsdienst bei der Berufsfeuerwehr Andorra einen hohen Stellenwert einnimmt, finden sich zudem einige entsprechende Ambulancefahrzeuge auf den Wachen.

Zur Farbgebung spanischer Feuerwehrfahrzeuge einschließlich der Fahrzeuge aus Gibraltar und Andorra: im wesentlichen gilt rot (RAL 3000) als Grundfarbe für Lösch- und Sonderfahrzeuge, einige Krankenwagen sind weiß lackiert. Vor allem die spanischen Großfahrzeuge fallen nicht selten durch weiß lackierte Fahrerhaustüren auf, zum Teil auch durch weiße Dachflächen. Die Fahrzeuge der englischen Militärfeuerwehr sind der Optik im Heimatland angepaßt: weiße Fronthauben, weiße Fahrzeugdächer oder zum Beispiel das rundumlaufende rot-weiß-quadratische Band an Einsatzleitfahrzeugen.

Im Gegensatz zu Spanien ist das Brandschutzwesen in **Portugal** durch den Einsatz Freiwilliger Feuerwehren geprägt: über 460 Feuerwehren gibt es im Lande, jedoch nur sechs Berufsfeuerwehren in den Großstädten. Diese sind militärisch strukturiert und damit auch entsprechend organisiert, was den Dienst, die Ausbildung und den Einsatz des Personals angeht.

Die anderen Wehren im Lande gliedern sich in „professionelle'' und „nichtprofessionelle'' — personell besetzt oder teilbesetzt mit angestellten bzw. freiwilligen Wehrmännern.

Durch die zum Teil problematische Wirtschaftslage in Portugal ist die materielle, personelle und fahrzeugmäßige Ausstattung der Feuerwehren nicht auf dem neuesten Stand — trotzdem werden die Wehren im Lande aufgrund ihrer Leistung von der Bevölkerung geschätzt.

Neben Finanzmitteln der Städte und Gemeinden sowie der Versicherungsgesellschaften tragen Spenden von Unternehmen und Privatpersonen zur Sicherung eines gewissen feuerwehrtechnischen Standards bei.

Nach dem Gesetz müssen größere Betriebe und Betriebe mit einem gewissen Gefahrenpotential (z.B. Chemieunternehmen, erdölverarbeitende Industrie) Werksfeuerwehren vorhalten, die in der Regel gut und modern ausgerüstet sind.

Die große Anzahl von Feuerwehr-Einsatzfahrzeugen in Portugal läuft auf amerikanischen oder englischen Fahrgestellen. Chassis von Ford oder Bedfort sowie Land-Rover, GMC, Chevrolet oder International sind häufig in den Wachen der Städte und Gemeinden zu finden, bei den modernen Fahrzeugen sieht man Riffaud-Drehleitern mittlerweile genauso wie deutsche Magirus-Leiterfahrzeuge.

Aufbauten werden nicht selten im Land selbst gefertigt, sie kann man durchaus als „typisch portugiesisch'' bezeichnen.

Portugiesische Feuerwehrfahrzeuge sind in aller Regel rot lackiert.

Waldbrand-Tanklöschfahrzeug (TLF-W) der Provinz Fw. Cadiz. Nicht einmal die örtliche Feuerwehr selbst konnte den Fahrzeugtyp bestimmen — bekannt war lediglich die Firma Fimesa/Madrid als Aufbauhersteller! Waldbrandlöschfahrzeug mit ca. 1.500 Liter fassendem Löschwassertank.

Waldbrand-Tanklöschfahrzeug (TLF-W). Geländegängige Waldbrandlöschfahrzeuge dieser Art sind in Spanien sehr weit verbreitet. Sie stehen dort hauptsächlich zur Bekämpfung der häufig auftretenden Wald- und Flächenbrände zur Verfügung. Auch dieses Fahrzeug wird den Feuerwehren von der Naturschutzbehörde (PMM) zur Verfügung gestellt. Hier ein Fahrzeug vom Typ Pegaso, Baujahr 1988, der spanischen Firma Abencor, vorgestellt 1988 auf der „Interschutz'' in Hannover.

Waldbrand-Tanklöschfahrzeug (TLF-W) der BF. Zaragoza. Hier ebenfalls ein Pegaso vom Typ 3046/10-Allrad. Der Aufbau wurde von der Firma Saval-Kronenburg/Huesca gefertigt. Das Waldbrandlöschfahrzeug aus dem Jahre 1987 ist ausgestattet mit 3.000-Liter-Löschwassertank und einer Pumpe der Firma Barribi (Feuerlöschpumpen anderer Hersteller sind bei diesem Fahrzeugtyp möglich!) Die Fahrzeugbesatzung ist mit 1+4 Mann vorgesehen. Zur Information über die letzten Fotos: Fahrzeuge dieser Art sind in Spanien sehr weit verbreitet. Sie entstammen einem Großauftrag der Firma Pegaso über die Lieferung von Armeelastwagen nach Ägypten. Der Auftrag platzte, jedoch waren bereits große Stückzahlen von Fahrgestellen gefertigt. Sie wurden von der spanischen Regierung aufgekauft und den Feuerwehren von der Obersten Spanischen Naturschutzbehörde zur Verfügung gestellt. Die Aufbauten wurden unter verschiedenen Herstellern vergeben: es finden sich Aufbauten von Fimesa/Madrid, Rosenbauer/Österreich und Saval-Kronenburg/Huesca, zum Teil auch von Abengor/Sevilla. Feuerwehrintern werden diese Waldbrandlöschfahrzeuge auch „Ägypter'' genannt.

Tanklöschfahrzeug (TLF) der BF. Chiclana/Cadiz. Pegaso 3041 Diesel/Allrad — TLF mit 4.000 bis 5.000 Litern Löschwasser. Baujahr des Fahrzeuges ist 1981, Besatzung 1+5 Mann vorgesehen. Pegaso-Fahrzeuge dieser Art sind typisch für die größere Löschfahrzeugklasse spanischer Feuerwehren.

Feuerwehren im Land der Helenen — **Griechenland** — sind weitgehend nach militärischem Vorbild organisiert, verwaltet und überwacht. Hier wird eine von der Landeshauptstadt Athen operierende Direktion tätig, die oberste Führungsposition wird also nicht — wie beispielsweise in den Ostblockstaaten — durch das Innen- oder Verteidigungsministerium wahrgenommen.

Freiwillige Feuerwehren kennt man in Griechenland nicht. Man unterscheidet im Land die Berufsfeuerwehren als staatlich aufgestellte und geführte Organisation sowie die Distriktfeuerwehren, die auf Landkreisebene (vergleichbar) mit haupt- und nebenberuflichem Personal arbeiten. Spezielle Waldbrand-Feuerwehren, ausgerüstet mit Material und Fahrzeugen des Staates, rekrutieren Zivilpersonal auf Dörfern oder in kleineren Gemeinden. Diese Form der Feuerwehr kann noch am ehesten als „Freiwillige'' bezeichnet werden.

Ansonsten werden feuerwehrtechnisches Material und Feuerwehr-Einsatzfahrzeuge grundsätzlich zentral von der Regierung in Athen beschafft und an die Wehren im Lande ausgeliefert.

Übrigens: Berufsfeuerwehrpersonal und -Fahrzeuge im gesamten Griechenland sind „durchnummeriert''!

Griechische Feuerwehren arbeiten nicht selten eng mit der Polizei zusammen und werden beispielsweise mit ihren Löschfahrzeugen bzw. mit Wasserwerfern auch gegen Demonstranten oder bei anderweitigen Polizeimaßnahmen eingesetzt.

Insgesamt gibt es aufgrund einer nicht zu verleugnenden Schwerfälligkeit im staatlichen System des griechischen Brandschutzwesens zum Teil erhebliche Probleme in personeller und ausstattungstechnischer Hinsicht. Dies gilt in Sonderheit auch für den Brandschutz auf Flughäfen, in den Mittelmeerhäfen oder in Großbetrieben.

Eine Feuerwehrfahrzeug-Industrie gibt es in Griechenland nicht. Firmen wie Magirus oder Rosenbauer bestimmen das Bild der Fahrzeugparks. In bestimmten Fällen erfolgen jedoch Eigenaufbauten im Lande, vorwiegend auf US-Fahrgestellen der älteren Generation. Einzelimporte sind allerdings aus England (z.B. Gelenkmaste), Deutschland (Sonderfahrzeuge, Drehleitern) oder auch aus Ostblockländern zu verzeichnen. Modernere Feuerwehr-Einsatzfahrzeuge werden zunehmend aus Österreich von der Firma Rosenbauer eingeführt: Steyr-Tanklöschfahrzeuge aller Größen sind häufig bei griechischen Feuerwehren im Einsatz.

Die Farbgebung griechischer Feuerwehrfahrzeuge ist ebenfalls rot, staatliche Waldbrand-Tanklöschfahrzeuge sind in der Regel an einem breiten, weißen Streifen mit schwarzer Beschriftung zu erkennen, der quer bzw. hoch über die Seiten des Aufbaues führt.

Diverse Fachministerien verwalten und organisieren das Feuerwehrwesen in der **Türkei.** Die praktische Umsetzung erfolgt jedoch in der Regel auf kommunaler Ebene. Berufsfeuerwehren in Städten und Großstädten, Freiwillige Feuerwehren auf dem Lande und Betriebs-, Hafen- und Flughafen-Feuerwehren stellen den Brandschutz im Lande sicher. Während man in den Großstädten der Türkei bemüht ist, eine den regionalen Notwendigkeiten entsprechende Ausstattung und Ausrüstung zu beschaffen, läßt der Brandschutz auf dem Lande manche Wünsche offen. Material und Fahrzeuge sind nicht selten veraltet, aus finanziellen Gründen ist mit Neubeschaffung auf lange Sicht nicht zu rechnen. Große Probleme bereiten den Feuerwehren im ganzen Land die Wasserversorgung, sei es aufgrund fehlender Wasserreservoires (Brunnen, usw.) oder aufgrund des schlechten Zustandes des Kanal- und Hydrantennetzes. Dazu kommt die naturbedingte Trockenheit in allen Teilen der Türkei sowie die Bauweise in den Städten und auf den Dörfern, die den Regeln eines „vorbeugenden Brandschutzes'' in den wenigsten Fällen entspricht.

Dabei darf man insgesamt selbstverständlich nicht die Bemühungen der Brandschutzverwaltung und der regionalen Feuerwehren vergessen, bestehende Zustände zu verbessern und den modernen Gegebenheiten anzupassen.

Aufbauten türkischer Feuerwehrfahrzeuge werden von zum Teil kleineren Firmen im Lande gefertigt und auf Fahrgestelle der unterschiedlichsten Firmen gesetzt: Ford, Morris, Volvo, Fiat, Mercedes-Benz, Magirus.

Deutsche Feuerwehrfahrzeuge findet man recht häufig auf den Wachen der Kleinstädte oder Dörfer: sie wurden von deutschen Feuerwehren gespendet oder von türkischen Arbeitern in Deutschland gebraucht aufgekauft und in die Türkei exportiert.

Eines haben wohl alle hier genannten Feuerwehren gemeinsam: die Tanklöschfahrzeuge mit Wasservorräten von 1.000, 2.500 bis zu 20.000 Litern Fassungsvermögen. Klimatische Bedingungen in den Staaten Südeuropas und eine immerwährende Wasserknappheit lassen den Einsatz vor allem von Löschwasser-Fahrzeugen notwendig und sinnvoll erscheinen.

Rettungswagen (RTW) der BF. Malaga. Ford Transit mit Einrichtung der Firma Foguel/Madrid, Typ „Emergenica 2000'', Baujahr 1989.

Notarzt- und Rettungswagen (NAW/RTW) der BF. Zaragoza. Mercedes-Benz 508 D mit „Eckdachvariante'', Baujahr 1985. Siehe auch Fotos von spanischen Feuerwehr-Rettungs- und Krankentransportfahrzeugen auf Seite 163.

Tanklöschfahrzeug (TLF) der BF. Pieda de Mar. Pegaso 1065 mit 3.000-Liter-Löschwassertank und Schaumlöschmittel in Kanistern, 1978.

Tanklöschfahrzeug (TLF) der BF. Barcelona. Gleicher Fahrzeugtyp wie nebenstehend, jedoch Baujahr 1968.

Tanklöschfahrzeug (TLF) der BF. Arcos de la Frontera/Cadiz. Modernes Tanklöschfahrzeug aus dem Jahre 1985 auf Ebro L 80 Turbo-Diesel. Aufbau von der spanischen Firma Protec-Fire SA., Coslada/Madrid, 2.000 Liter Löschwasser, Heck-Tragkraftspritze vom Typ Godiva.

Tanklöschfahrzeug (TLF) der BF. Barcelona. Pegaso-Frontlenker mit 3.000-Liter-Löschwassertank, Aufbau Rosenbauer/Madrid, 1984.

Tanklöschfahrzeug (TLF) der BF. La Linea de la Conception/Cadiz. Pegaso 1121/5 Diesel-Allrad, 3.000-Liter-Tank, Fimesa, Baujahr 1983.

Großtank-Löschfahrzeug (G-LF) der BF. Jerez de la Frontera/Cadiz. Pegaso 1127 D aus dem Jahre 1983. Das als Zisternen- oder Großtanklöschfahrzeug bezeichnete Fahrzeug ist kein für Spanien typisches Serienfahrzeug. Es wird in der Regel als Wasserzubringer für Dorfbrunnen ohne eigene Wasserzuleitung genutzt sowie als Wasserreservoir bei Großbränden eingesetzt. Der Tankaufbau mit einem Fassungsvermögen von 10.000 Litern wurde von einer regionalen Firma in der Provinz Cadiz erstellt.

Großtank-Sattelzug der BF. San Fernando/Cadiz. Pegaso 2181 D mit Frühauf-Sattelauflieger, Baujahr 1982, faßt 25.000 Liter Wasser.

Tanklöschfahrzeug (TLF) der BF. La Linea de la Conception/Cadiz. Vom örtlichen Feuerwehrchef hochgelobt und unverwüstlich im Einsatz: TLF Magirus-Deutz A 7500 „Alligator" aus dem Jahre 1958. Das Fahrzeug ist ausgerüstet mit einem 5.000-Liter-Löschwassertank, dazu mit 200 Litern Schaumlöschmittel in Kanistern, einer KHD-Pumpe mit einer Leistung von 800 l/min. sowie einer 200-Meter-Schnellangriffshaspel am Fahrzeugheck.

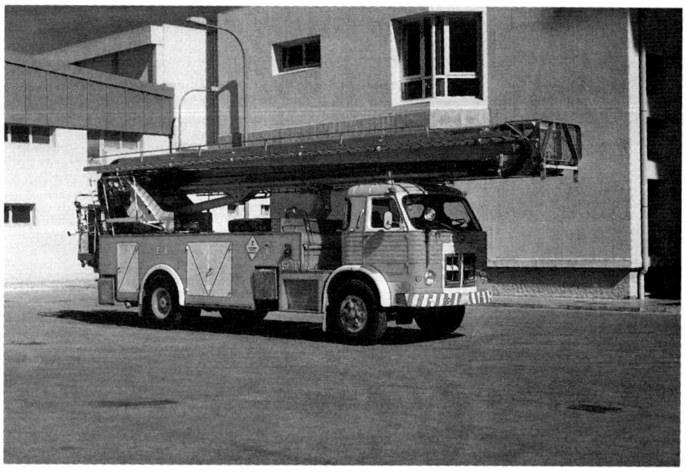

Gelenkmast (GM) der BF. Zaragoza. Nachstehend einige wenige Hubrettungsfahrzeuge im Dienste der spanischen Feuerwehren. Interessant und sicherlich von einer besonderen technischen Schönheit ist dieser Simon-Snorkel SS 263 auf Pegaso 1065 L. Das Fahrzeug hat ein Gesamtgewicht von 20 Tonnen.

Drehleiter (DLK 30) der BF. Barcelona. Von der bundesdeutschen Firma Metz, Karlsruhe, im Dezember 1976 nach Spanien ausgeliefert.

Drehleiter (DLK 27-3) der BF. Pineda de Mar. Pegaso 1121 mit französischen Riffaud-Leiterpark. Das Fahrzeug stammt aus dem Jahre 1978.

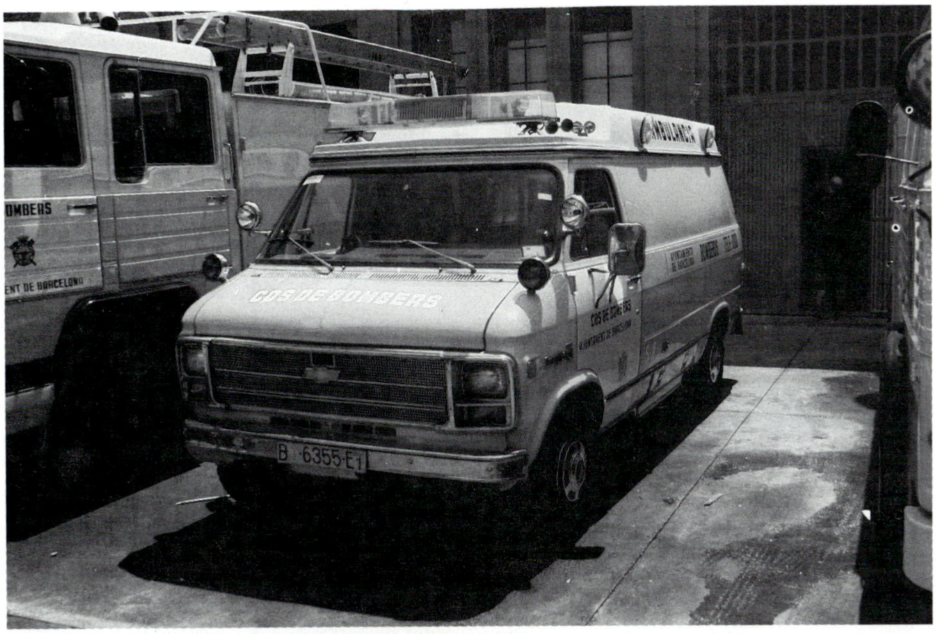

Rettungswagen (RTW) der BF. Barcelona. In bestimmten Bereichen Spaniens und bei größeren Berufsfeuerwehren gehört auch der Rettungs- und Krankentransportdienst zu den Aufgaben der Wehrmänner. Auch für den Eigenbedarf der Feuerwehr werden Ambulanzfahrzeuge vorgehalten. Hier eine Chevrolet-Van-Ambulanc mit RTW-ähnlicher Ausstattung. An dieser Stelle ein Hinweis auf die unterschiedliche Bezeichnung der spanischen Feuerwehr: Bombers (katalanisch) und Bomberos (kastillisch).

Krankentransportwagen (KTW) der Fw. Arcos de la Frontera/Cadiz. Renault 12 GTL-Kombi aus dem Jahre 1983.

Rettungswagen (RTW) der BF. Zaragoza. Modern und vom Feinsten in Spanien: Rettungswagen (Reanimobil) auf Citroen C 25, Baujahr 1989: das Fahrzeug ist mit modernstem Gerät für die Notfallversorgung und den Transport von Notfallpatienten ausgestattet. Insgesamt sind Rettungsfahrzeuge dieser Qualität in Spanien nicht häufig anzutreffen.

Einsatzleitwagen (ELW) der BF. Andorra. Insgesamt 16 Feuerwehr-Einsatzfahrzeuge gibt es im Fürstentum Andorra, einem Kleinstaat in den spanischen Pyrenäen. Regional sicherlich eine Besonderheit, fahrzeugtechnisch allerdings unterscheiden sich die Feuerwehrfahrzeuge dort nicht wesentlich von denen in Spanien sonst. Unsere Fotoauswahl zeigt zwölf der in Andorra vorhandenen Fahrzeuge: beginnend mit einem Einsatzleitwagen auf dem französischen Renault R4 GTL aus dem Jahre 1980. Das Fahrzeug dient dem Leiter der Berufsfeuerwehr Andorra als Dienstwagen, darüber hinaus wird es auch zu anderen Zwecken im Rahmen der Administration eingesetzt.

ANDORRA

Mehrzweckfahrzeug (MZW) der BF. Andorra. Hier handelt es sich um einen geländegängigen Toyota-Hilux aus dem Jahre 1986. Das Fahrzeug wird vorrangig zu Bergrettungseinsätzen genutzt und ist mit den entsprechenden Geräten und Materialien ausgestattet, z.B. Akia, Hochgebirgstrage und die persönliche Bergsteigerausrüstung der Besatzung.

Vorausrüstwagen (VRW) der BF. Andorra. Aus dem Jahre 1962 stammt der Land-Rover 88 Especial, der von der Firma British-Leyland importiert und von der Berufsfeuerwehr in Eigenarbeit zum Vorausrüstwagen ausgerüstet wurde. Stationiert ist dieses Einsatzfahrzeug an der Paß-Zufahrtsstraße nach Andorra und wird dort bei den häufigen und schweren Verkehrsunfällen eingesetzt. Ausgestattet ist der Vorausrüstwagen mit Hilfeleistungsgeräten wie Spreizer, Rettungsschere oder Hebekissen.

Vorausgerätewagen (VGW) der BF. Andorra. Renault R4 als Ersteinsatzfahrzeug für Verkehrsunfälle und sonstige technischen Notfälle. Auch dieses Fahrzeug ist mit Hilfeleistungsgerät ausgestattet und erreicht in der Regel vor den großen Einsatzfahrzeugen (TLF o.a.) den Einsatzort.

Tanklöschfahrzeug (TLF) der BF. Andorra. Fahrzeuge dieser Art wurden bereits unter „Spanien'' vorgestellt. Es handelt sich um ein geländegängiges TLF mit einem 1.500-Liter-Löschwassertank. Der Berliet FF 415 stammt aus dem Jahre 1968, das Fahrzeug ist mit einer Ziegler-TS 8/8 und einer mobilen TS 4/5 ausgestattet. Eingesetzt wird es neben den allgemeinen Löschaufgaben auch bei Wald- oder Flächenbränden, die in den Pyrenäen gar nicht so selten sind.

Tanklöschfahrzeug (TLF 16) der BF. Andorra. Zwei ähnliche Tanklöschfahrzeuge dieser Art gibt es bei der Berufsfeuerwehr Andorra: hier der Magirus-Deutz 192 aus dem Jahre 1979 — vergleichbar unserem bundesdeutschen TLF 16 (das Fahrzeuge wurde von Magirus/Deutschland importiert!). Das TLF ist hinten einfachbereift.

Großtanklöschfahrzeug (GTLF) der BF. Andorra. Ein Sonderfahrzeug auf Mercedes-Benz-Unimog mit Aufbau der österreichischen Firma Rosenbauer: das als Großtanklöschfahrzeug bzw. als Zubringerlöschfahrzeug (ZLF) bezeichnete Allradfahrzeug ist mit einem 3.000-Liter-Löschwassertank ausgerüstet, die Feuerlöschpumpe 4/5 wird mobil mitgeführt. Eingesetzt wird das Tanklöschfahrzeug vor allem im Gelände, mitgeführt werden auch Gerätschaften für den Gelände- oder Waldbrandeinsatz (Äxte, Sägen, u.a.). Baujahr des Fahrzeuges ist das Jahr 1985.

Drehleiter (DLK 30) der BF. Andorra. Aus der Bundesrepublik Deutschland bekannte Standard-Drehleiter auf Magirus-Deutz 256 mit Magirus-Leiterpark.

Rettungswagen (RTW) der BF. Andorra. Rettungs- und Krankentransportdienst bilden bei der Berufsfeuerwehr Andorra einen deutlichen Schwerpunkt in der Tätigkeit — nahezu 60% der Einsätze fallen in diesen Bereich. Von daher stehen fünf RTW/KTW zur Verfügung, von denen wir vier Fahrzeuge im Foto vorstellen wollen: hier ein Rettungswagen auf Peugeot J 9 aus dem Jahre 1985. Die Ausstattung des Fahrzeugs wurde von der Firma Commeinhes/Frankreich vorgenommen — sie entspricht in etwa der bundesdeutscher Rettungsfahrzeuge. Das Fahrzeug ist neben speziell ausgebildeten Rettungssanitätern der BF. Andorra bei Bedarf auch mit einem Notarzt besetzt, es kann sogar als „Baby-Notarztwagen'' mit Inkubator ausrücken.

Krankentransportwagen (KTW) der BF. Andorra. VW-Bus mit Baujahr 1976. Zur Beachtung: an der linken Fahrzeugseite ist ein Materialfach zu sehen, in dem Ausrüstungsgegenstände und u.a. auch Schneeketten mitgeführt werden.

Krankentransportwagen (KTW) der BF. Andorra. VW-Synchron-Allrad mit spanischer Einrichtung und Ausstattung. Baujahr 1988.

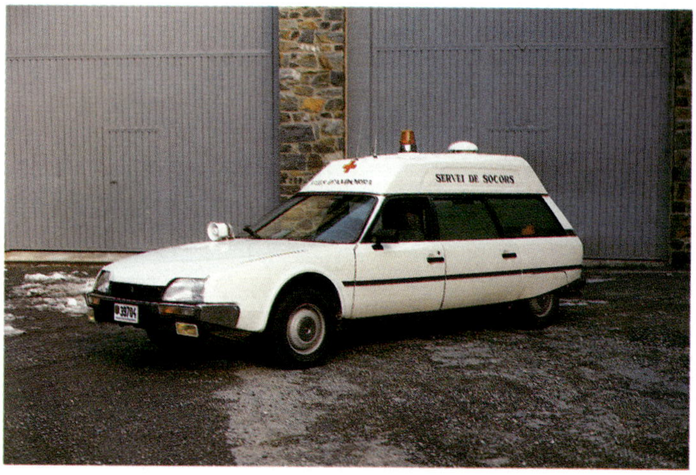

Krankentransportwagen (KTW) der BF. Andorra. Citroen CX 2000 aus 1985, der Aufbau und die Einrichtung des Fahrzeugs stammt von einem französischen Hersteller. Ein ähnliches Fahrzeug gleichen Typs wird ebenfalls von der BF. Andorra eingesetzt.

Kommandofahrzeug (KdoW) der BF. Gibraltar. Kommandofahrzeug der Berufsfeuerwehr auf englischen Bedfort-Fahrgestell. Ausgerüstet wurde das Fahrzeug in Eigenarbeit — es dient gleichzeitig als Atemschutzwerkstattwagen und Verpflegungsfahrzeug!

Kommandofahrzeug (KdoW) der BF. Gibraltar. Der Vorgänger des oben gezeigten Fahrzeugs, der von 1985 bis 1989 im Einsatz stand. Insgesamt entspricht das Fahrzeug dem in Deutschland bekannten ELW 2.

Mehrzweckwagen (MZW) der BF. Gibraltar. Land-Rover 88 aus dem Jahre 1985 — ein Fahrzeug für verschiedenste Transportaufgaben. Zugleich wird der MZW eingesetzt zur Berg- und Höhlenrettung auf dem „Affenfelsen", auf dem Gibraltar mit seinen sechs Quadratkilometern Größe liegt.

Geräte- und Mehrzweckfahrzeug (GW/MZW) der BF. Gibraltar. Toyota-Dyna 100 — modernes Kleingeräte- und Mehrzweckfahrzeug aus dem Jahre 1989, eingesetzt zu unterschiedlichsten Transportaufgaben.

Geräte- und Mehrzweckfahrzeug (GW/MZW) der BF. Gibraltar. Vorgänger des oben genannten Fahrzeugs: ein britischer Leyland-de-Luxe, Baujahr 1985.

Tanklöschfahrzeug (TLF) der Britischen Marine-Feuerwehr Gibraltar. Ein typisches Löschfahrzeug britischer Militärfeuerwehren, wie es auch auf bundesdeutschen Nato-Flugplätzen oder in Ländern mit britischer Militärbesatzung stationiert sein könnte: Range-Rover mit dreiachsigem Fahrgestell. Das moderne Militärfeuerwehr-Fahrzeug aus dem Jahre 1989 ist mit einem 900-Liter-Löschwassertank ausgestattet und führt zudem die entsprechenden feuerwehrtechnischen Geräte für einen Löscheinsatz mit.

Tanklöschfahrzeug (TLF) der BF. Gibraltar. Ganz britisch: im Vergleich zu dem oben gezeigten Fahrzeug ein Tanklöschfahrzeug der Berufsfeuerwehr. Das von der englischen Firma Carmichael im Jahre 1989 aufgebaute Fahrzeug ist ebenfalls mit 900-Liter-Löschwassertank ausgerüstet, zusätzlich aber auch mit leistungsstarker Vorbaupumpe und Stand-Schiebeleiter.

Tanklöschfahrzeug (TLF) der BF. Gibraltar. GMC-Automatik-Benziner aus dem Jahre 1987: das Fahrzeug wurde ebenfalls von Carmichael/England gebaut und führt einen Löschwassertank mit 200 Gallonen Fassungsvermögen mit sich. Zudem ist das TLF ausgerüstet mit einer Godiva-Hochdruckpumpe 1.900 bis 2.000 l/min.), einer 45-Fuß-Leiter sowie mit zwei Sauerstofflaschen á 1.800 Liter für eine Arbeitsdauer von je 30 Minuten.

Löschfahrzeug (LF) der Britischen Marine-Feuerwehr Gibraltar. Land-Rover mit Carmichael-Aufbau, Baujahr 1988.

Kleinlöschfahrzeug (KLF) der BF. Gibraltar. Land-Rover mit Carmichael-Aufbau, Baujahr 1988/89: dieser Fahrzeugtyp löst die bisherigen Dreiachs-Löschfahrzeuge ab.

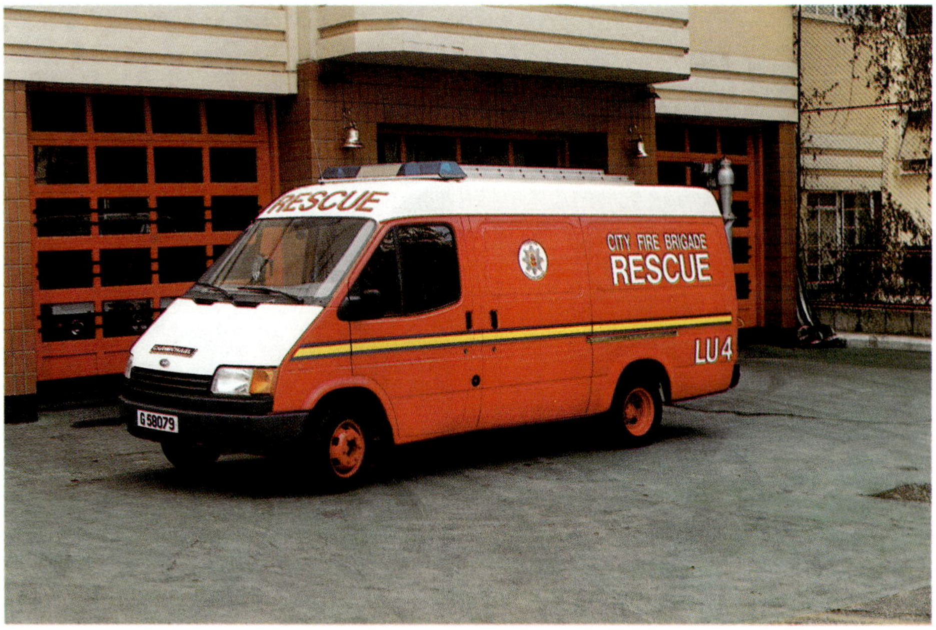

Rüst- und Gerätewagen (8RW/GW) der BF. Gibraltar. Ford Transit 1989 als Rüstfahrzeug für den Einsatz bei Verkehrsunfällen (Rescue and Road Traffic Accident Unit), ausgestattet mit modernem Hilfeleistungs- und Rettungsgerät.

PORTUGAL

Kleinlöschfahrzeug (KLF) der FF. Taro. Land-Rover mit Pritschenaufbau einer regionalen Firma. Neben Leitern und feuerwehrtechnischem Gerät führt das geländegängige Einsatzfahrzeug eine Tragkraftspritze (TS 8) mit.

Kleinlöschfahrzeug (KLF) der FF. Taro. Ein ähnliches Feuerwehrfahrzeug wie vorstehend: ebenfalls ein Land-Rover mit Eigenausstattung! Interessant an diesem Fahrzeug ist die „optimale'' Nutzung des vorhandenen Platzes — die Löscharmaturen sind zum Teil auf der vorderen Stoßstange oder auf dem Kotflügel untergebracht.

Tanklöschfahrzeug (TLF) der FF. Taro. Ford-Löschfahrzeug mit 800-Liter-Löschwassertank und zwei Schnellangriffshaspeln. Baujahr 1973. Portugiesische Feuerwehrfahrzeuge findet man häufig auf amerikanischen Fahrgestellen. Auch wenn der Standplatz der Fahrzeuge keine optimale Aufnahme zuließ, soll das interessante und für portugiesische Feuerwehren typische Fahrzeug hier gezeigt werden.

Tanklöschfahrzeug (TLF) der FF. Taro. Ähnliches Fahrzeug wie vorstehend, jedoch auf Chevrolet-Fahrgestell aus dem Jahre 1978. Auffallend die hier offenliegenden Armaturen!

Tank-Löschfahrzeug (T-LF) Es handelt sich hier um ein Wasserzubringer-Fahrzeug auf Volvo-Fahrgestell. Das Baujahr des Tankwagens wird mit 1968 angegeben. Vor allem in Gegenden, in denen oft akuter Wasermangel herrscht, werden dieserart Fahrzeug für die Bekämpfung von Flächen- oder Waldbränden eingesetzt. Der Tankaufbau stammt von einem regionalen Hersteller, der Tank faßt ca. 6.500 Liter Löschwasser.

Tank-Löschfahrzeug (T-LF). DAF-Wasserzubringerfahrzeug und Löschfahrzeug mit 7.000-Liter-Löschwassertank und heckseitig angebrachter Pumpenanlage. Auch hier wurde der Tankaufbau regional hergestellt.

Tanklöschfahrzeug (TLF) der FF. Taro. Modernes Tanklöschfahrzeug auf französischem Renault-Fahrgestell aus dem Jahre 1983. Der Tank- und Geräteaufbau soll von einem französischen Hersteller stammen?!

Tanklöschfahrzeug (TLF) der FF. Monchique. Ein geländegängiges Tanklöschfahrzeug auf Fiat-90-Fahrgestell mit Aufbau der italienischen Firma Baribbi. Das Fahrzeug ist mit einem 6.000-Liter-Löschwassertank ausgerüstet, ferner mit Dachmonitor und einer Normal-/Hochdruck-Feuerlöschpumpe. Schnellangriffshaspeln befinden sich auf beiden Fahrzeugseiten.

TLF Monchique (Heckansicht). Nochmals ein Blick auf die Heckseite dieses ungewöhnlichen Fahrzeugs: auffallend der halboffen gelegene Löschwassertank. Auch dieses Fahrzeug wird als Wasserzubringer eingesetzt, wenn es die Situation erfordert.

GRIECHENLAND

Einsatzleit- und Führungsfahrzeug (ELW/FüF) der BF. Athen. Personenkraftwagen vom Typ Toyota-Crown als Dienstfahrzeug des Feuerwehr-Kommandanten der Berufsfeuerwehr Athens — zuständig für den Stadt- und Landbereich.

Dokumentationswagen der BF. Athen. Zur Dokumentation und Aufzeichnung von Schadensereignissen setzt die Berufsfeuerwehr der griechischen Hauptstadt ein eigenes Film- und Fototeam ein. Entsprechende Aufnahmen werden für das feuerwehreigene Archiv, aber auch zu Ausbildungszwecken angefertigt. Die notwendigen Videokameras und die Film- und Fotoausrüstung werden mit diesem VW-Passat-Kombi transportiert.

Drehleiter (DL 22) der BF. Korinth. Ganz sicher ein „Prachtstück", diese Drehleiter mit einer Aufstiegshöhe von 22 Metern, die 1987 noch im Einsatz der griechischen Berufsfeuerwehr stand. Vor über 50 Jahren wurden zwei dieser Leiterfahrzeuge in der Bundesrepublik Deutschland bei der Firma Magirus gekauft, das zweite Fahrzeug steht heute in Birgos/Pelepones im Einsatz. Das Baujahr der DL 22 wird mit 1939 angegeben.

Tanklöschfahrzeug (TLF 1000) der BF. Athen. Auffällig ist auch in Griechenland — wie in den anderen südeuropäischen Ländern — die große Anzahl von Tanklöschfahrzeugen mittlerer und großer Größenordnung bei den Feuerwehren. Dies hängt, wie bereits mehrfach angesprochen, im wesentlichen mit der regionalen Situation sowohl in ländlichen Bereichen als auch im Bereich höhergelegener Städte zusammen: der Wassermangel ist besonders groß, nicht immer reichen Brunnen oder das Hydrantennetz zur Wasserversorgung im Brandfall aus. Hier ein für Griechenland typisches Standard-Löschfahrzeug auf Mercedes-Benz 608 D — es ersetzt die bis dahin bekannten Opel-Blitz-TLF. Das Fahrzeug ist mit 1.000-Liter-Löschwassertank ausgerüstet. Der Aufbau stammt von Rosenbauer/Österreich in Zusammenarbeit mit der Firma Texel.

Trockentanklöschfahrzeug (TroTLF) der BF. Korinth. Modernes Standard-Löschfahrzeug mittlerer Größenordnung mit 1.000-Liter-Löschwassertank und mit 750 kg Löschpulver — auf Magirus-Deutz-90-Fahrgestell. Dieser Fahrzeugtyp gilt ebenfalls als Ersatz für Opel-Blitz-Tanklöschfahrzeuge der Nachkriegszeit, vorwiegend für Berufsfeuerwehren der Städte Griechenlands.

Waldbrandlöschfahrzeug (TLF-W) der FF. Chalkis. Geländegängiges Waldbrandlöschfahrzeug, wie es bei den griechischen Feuerwehren häufig anzutreffen ist. Der Mercedes-Benz-Unimog ist vorwiegend bei kleineren Feuerwehren auf dem Lande im Einsatz. Das Fahrzeug ist mit einem 1.000-Liter-Löschwassertank ausgestattet sowie mit zwei Schnellangriffsleitungen.

Tanklöschfahrzeug (TLF) der FF. Tiva. Für griechische Feuerwehren typisches „Standortfahrzeug'' der Nachkriegszeit auf Magirus-Deutz-Rundhauber. Zahlreiche dieser Fahrzeuge sind noch heute im Einsatz und man soll vor Ort bei den Wehren begeistert sein über die Zuverlässigkeit und Robustheit des TLF's. Eingesetzt war diese Art Tanklöschfahrzeug vor allem bei kommunalen Feuerwehren. Das Fahrzeug ist ausgestattet mit einem 2.500-Liter-Löschwassertank sowie mit einer Feuerlöschpumpe FP 16/8.

Tanklöschfahrzeug (TLF) der FF. Tiva. Tanklöschfahrzeuge auf US-Fahrgestell „International'' sind in Griechenland häufig zu finden. Hier zunächst die seltenere Ausführung mit offen gelegener US-Mittelbaupumpe. Das Fahrzeug ist ausgerüstet mit 2.500-Liter-Löschwassertank und stammt aus dem Jahr 1971.

Tanklöschfahrzeug (TLF) der BF. Piräus. „International-Loadstar 1700'' aus dem Jahre 1973 mit einem Aufbau der österreichischen Firma Rosenbauer. Ebenfalls ein Tanklöschfahrzeug mit 2.500 Liter Löschwasser, jedoch mit der in Griechenland häufiger anzutreffenden Heckpumpe. Es bleibt zu hoffen, daß die Bremsen dieses Fahrzeugs noch einwandfrei funktionieren und der Stein vor dem Vorderrad nur der Beruhigung des eigenen Gewissens dient?!

Tanklöschfahrzeug (TLF) der BF. Athen. Magirus-Deutz 170 — Standard-Löschfahrzeug mit 2.500-Liter-Löschwassertank.

Großtanklöschfahrzeug (GTLF) der BF. Athen. Wasserwerfer auf Basis des Magirus-Deutz 232 werden bei der Athener Berufsfeuerwehr im Auftrag der griechischen Polizei einsatzbereit gehalten, um gegebenenfalls bei Unruhen eingesetzt werden zu können. Das mit 5.000-Liter-Löschwassertank ausgestattete Fahrzeug kommt darüber hinaus auch als Großtanklöschfahrzeug zum Einsatz. Ob Unruhen oder Löscheinsätze dieses Fahrzeug „ramponiert'' haben, sei dahingestellt?!

Waldbrand-Großtanklöschfahrzeug (GTLF-W) der FF. Chalkis. Von der Griechischen Nationalen Forstbehörde zur Verfügung gestelltes GTLF auf Steyr 586. Das Fahrzeug führt 12.000 Liter Löschwasser sowie umfangreiches feuerwehrtechnisches Material zur Waldbrandbekämpfung mit sich.

Waldbrand-Großtanklöschfahrzeug (GTLF-W) der FF. Tiva. TLF 8.000 auf Magirus-Deutz 310, ebenfalls als staatliches Einsatzfahrzeug von der Forstbehörde der örtlichen Feuerwehr zur Verfügung gestellt.

Tanklösch- und Hubrettungsfahrzeug (TLF/GM) der BF. Athen. Sonderfahrzeug für verschiedene Einsatzzwecke: das Tanklöschfahrzeug ist ausgerüstet mit einem 5.000-Liter-Löschwassertank, dazu mit 500 Liter Schaumlöschmittel. Zur Verfügung steht darüber hinaus ein Bronto-Skylift 16-2 TI mit einer Arbeits- und Rettungshöhe von ca. 16 Metern. Damit vereint der Steyr 12-91 ein Lösch- und Rettungsfahrzeug für den Erst- und Folgeeinsatz.

Küchenwagen (KüW) der BF. Athen. Sonderfahrzeug als Eigenbau: Eveco 50-10 mit Kücheneinrichtung. Das Fahrzeug dient der Versorgung des Feuerwehrpersonals bei Großeinsätzen.

Gerätewagen (GW-A) der BF. Athen. Noch einmal ein Sonderfahrzeug der Berufsfeuerwehr Athen: auf englischem Bedfort-Fahrgestell entstand ein Gerätewagen für Atem- und Körperschutz. Das Fahrzeug ist mit Atemschutzgeräten und Schutzanzügen sowie mit der persönlichen Ausrüstung für bis zu zehn Personen ausgestattet.

Tanklöschfahrzeug (TLF) der FF. Bergama. Typisches Tanklöschfahrzeug der türkischen Feuerwehr mit ca. 5000 Liter Löschwasser. Dazu werden Schaumlöschmittel und ggf. auch Pulverlöschmittel mitgeführt. Das Fahrzeug ist aufgebaut auf einem Morris-Fahrgestell, zur Beachtung der auf dem Aufbau angebrachte Werfer.

Mehrzweck-Löschfahrzeuge (TLF/DL) der FF. Bergama. Interessantes und für Feuerwehren in der Türkei nicht untypisches Drehleiter-Löschfahrzeug (vergleiche auch die entsprechenden Fotos auf der nächsten Seite). Die Leiter des Fahrzeugs wird mit 18 Meter Länge angegeben, das Fahrzeug verfügt mindestens über 5000 Liter Löschwasser. Zur Beachtung in diesem Fall der Leiterkorb und der hinter dem Fahrerhaus auf dem Aufbau angebrachte Werfer.

TÜRKEI

Tanklöschfahrzeug (TLF) der FF. Bergama. Import von einer Feuerwehr aus der Bundesrepublik Deutschland: TLF 16 auf Mercedes-Benz-Fahrgestell. Erkennbar noch die ehemalige Türbeschriftung. Das Fahrzeug wird in der Türkei mit Blaulichtern gefahren, obwohl dort ansonsten Rotlichter vorgeschrieben sind.

Mehrzweck-Löschfahrzeug (TroTLF/DL) der BF. Antalya. Kombi-Fahrzeug Volvo/Yavuz mit 6.000 l Wasser, 300 l Schaummittel, 60 kg Pulver, DL 18.

Tanklöschfahrzeug (TLF) der BF. Antalya. Fiat/Lebimot-Tanklöschfahrzeug kleinerer Ausführung mit 2.500-Liter-Löschwassertank.

Tanklöschfahrzeug (TLF/DL) der FF. Bademagci. Fiat 50 NL mit Aufbau von Otosan, 1.500 Liter Wasser, 150 Liter Schaumlöschmittel, DL 12 Meter.

Tanklöschfahrzeug (TLF) der BF. Antalya. Fiat/Teksan TLF mit einem 2.500 Liter fassenden Löschwassertank: offener Tankaufbau!

Gelenkmast (GM) der BF. Istanbul. Rosenbauer lieferte eine größere Zahl von Einsatzfahrzeugen an die BF. Istanbul: 30 Meter Simon-Snorkel.

Hilfeleistungs-Löschfahrzeug (H-LF) der BF. Antalya. Ege/Fiat mit 2.500 Liter Wasser und 250 Liter Schaumlöschmitteln, dazu Geräte und Generator.

Großtanklöschfahrzeug (GTLF) der BF. Antalya. Otosan/Ford-GTLF mit 10.000-Liter-Löschwassertank sowie einer 18-Meter-Drehleiter.

Großtanklöschfahrzeug (GTLF) der BF. Antalya. GTLF auf ein Ford-Fahrgestell als Lösch- und Zubringerfahrzeug im Einsatz!

Osteuropäische Staaten

CSFR — UDSSR — Ungarn — Rumänien — Bulgarien — Polen

Zugegeben — es war während der Recherchen zu diesem Buch, in der Zeit vor der politischen Wende, nicht einfach, Informationen über die Struktur und Organisation von Feuerwehren der Ostblockländer zu erhalten! Hier schwiegen sich die Verantwortlichen in den Spitzenverbänden, in den Botschaften und in den Ministerien aus. Gleiches galt auch für ausführlichere technische Informationen über die Fahrzeuge des Landes. Fototermine gar waren nahezu unmöglich zu realisieren — auf offiziellem Wege ging hier gar nichts.

Eine Ausnahme machte da die Volksrepublik Polen als Gastgeberland für die „9. Internationalen Feuerwehrwettkämpfe'' der CTIF im Jahre 1988. Anläßlich dieser internationalen Großveranstaltung war es möglich, näheren Einblick in die Fahrzeug- und Materialausstattungen und in die Unterkünfte der Feuerwehren zu erhalten.

Somit ergibt sich auch zwangsläufig eine eingeschränkte Fotoauswahl von Einsatzfahrzeugen der Ostblockfeuerwehren. Einiges Fotomaterial ließ sich über befreundete Journalistenkollegen beschaffen, einiges über die Redaktion eines Fachmagazins — ähnlich verhielt es sich bei Informationen über Technik und Organisation.

Trotzdem sollten die Ostblockländer in diesem Buch natürlich nicht fehlen — und selbst wenn das angebotene Material etwas geringer ausfällt, erscheint ein Einblick in diesen Teil Europas doch durchaus interessant und lohnend.

Es bleibt zu hoffen, daß die jüngsten politischen Entwicklungen in den verschiedenen Ländern des Ostblocks und das bewußte Sichöffnen auch den Bereich der Feuerwehren insoweit tangiert, daß vernünftige und informative Kontakte mit den Kameraden und den Funktionären dort künftig möglich sein werden. Damit wäre dann das Kapitel „Osteuropäische Feuerwehr-Einsatzfahrzeuge'' in künftigen Veröffentlichungen reicher gesegnet mit Foto- und Informationsmaterial als es hier noch der Fall sein konnte.

Grundsätzlich kann man davon ausgehen, daß die Feuerwehren in den osteuropäischen Ländern jeweils zentral der staatlichen Weisung unterstellt sind. In der Regel ist das jeweilige Länder-Innenministerium kommandoführend, ein sogenannter „Feuerwehr-General'' nimmt die oberste Leitungsfunktion wahr.

Eine gewisse Ausnahme von den vorstehenden Aussagen macht eigentlich zunächst die **Tschechoslowakei (CSFR).** Hier zeigten sich bereits früh erste Tendenzen zur Öffnung, Information und fachlichem Austausch. So untersteht zwar das Brandschutzwesen des Staates dem Innenministerium, die fachliche Aufsicht sowie die Überwachung der feuerwehrtechnischen Ausstattung übernimmt jedoch ein auf Bundesebene organisierter Feuerwehrverband mit Sitz in der Landeshauptstadt Prag. Zwei Landesfeuerwehrverbände (Tschechei, Slowakei) unterstützen den Bundesverband in der praktischen Durchführung der administrativen Maßnahmen.

Hauptsächlicher Aufgabenbereich tschechoslowakischer Feuerwehren ist der Brandschutz, wobei gerade dem vorbeugenden Aspekt sehr viel Aufmerksamkeit gewidmet wird. Weniger aktiv sind die Wehren im Bereich technischer Hilfeleistungen, zum Beispiel bei Verkehrsunfällen. Der Rettungs- und Krankentransportdienst gewinnt erst bei Feuerwehren größerer Städte an Bedeutung.

Die Feuerwehren in der CSFR gliedern sich in Freiwillige Wehren, die im Prinzip den Grundstock des Brandschutzes im Land bilden —, ferner in Berufsfeuerwehren, die in Städten und Großstädten zum Teil zusätzlich zu Freiwilligen Feuerwehren eingerichtet werden —, dann in Werkfeuerwehren von Betrieben und Einrichtungen mit bestimmten Gefahrenpotential. Hier können sowohl freiwillige als auch hauptberufliche Brandschützer eingesetzt sein, Berufsfeuerwehren der Großstädte sind nicht selten nach militärischem Muster organisiert und geführt.

Die Fahrzeuge der CSFR-Feuerwehren stammen in der Regel aus eigener Produktion. Firmen wie Skoda, Tatra, Avia oder Praga decken den größten Teil des staatlichen Bedarfes ab, nicht selten exportieren sie Feuerwehr-Einsatzfahrzeuge auch in andere Ostblockstaaten.

Aufbauten findet man häufig von Karosa, für Sonder- oder Industrielöschfahrzeuge aber auch von Rosenbauer (Österreich) oder aus bundesdeutscher Produktion (z.B. Ziegler, Metz). In die CSFR eingeführte Fahrzeuge anderer europäischer Länder sind insgesamt allerdings eher selten.

Während bei den Feuerwehren auf dem Lande bzw. bei Freiwilligen Wehren eher kleine, leichte Löschfahrzeuge zu finden sind, sind Berufsfeuerwehren oder Wehren größerer Betriebe auffallend häufig mit großen Tanklösch- oder Sonderlöschfahrzeugen ausgerüstet, oftmals auf drei- oder gar vierachsigen Fahrgestellen und größtenteils mit geländegängigen Chassis versehen.

Die Grundfarbe von CSFR-Feuerwehrfahrzeugen ist rot (RAL 3000), oftmals versehen mit weißem, breitem Mittelstreifen, weißen Türen, Dächern oder Radabdeckungen einschließlich Stoßstangen. Eine Zahlenkombination gibt Auskunft über Typ und Zugehörigkeit (ähnlich wie Feuerwehrfahrzeuge in Polen!). Krankentransport- und Rettungsfahrzeuge sind in der Regel weiß, beige oder gelb lackiert und mit rotem Mittelstreifen versehen.

Ebenfalls dem Innenministerium unterstellt ist der Brandschutz in der **Sowjetunion (UdSSR).** Die Staatenunion hatte erst zu Beginn des 19. Jahrhunderts das Brandschutzwesen einer fachlich und taktisch ausgerichteten Organisation unterworfen.

Heute kennt man in der UdSSR sowohl Berufsfeuerwehren zivilen Charakters in den Städten und Gemeinden, als auch Berufsfeuerwehren militärischer Organisation in den Großstädten. Dort sind sie als militärische Untergliederung dem sowjetischen Kriegsministerium unterstellt. Freiwillige Feuerwehren arbeiten in den Dörfern bzw. auf dem Lande der UDSSR.

Auch die Wehren in den großen Betrieben des Landes rekrutieren sich aus hauptberuflichen Kräften oder sie unterstehen ebenfalls dem Militär.

Geführt werden alle Einrichtungen des Brandschutzes auf der Ebene des Innenministeriums durch eine eigene Brandschutzverwaltung, geleitet von einem „General der Feuerwehr''. Fachorganisationen und -verbände setzen die von höchster Stelle angeordneten Maßnahmen in die Praxis um — wobei letztendlich von überaus strengen Regelungen auszugehen ist. Ausgenommen von dieser Administration sind die militärisch ausgerichteten Feuerwehren in Großstädten (Berufsfeuerwehren) oder in Staatsbetrieben, funktionell wichtigen Großbetrieben, Flughäfen oder Seehäfen. Sie unterstehen — wie oben bereits angesprochen — dem Kriegsministerium und dort eben einem militärischen General.

Die feuerwehrtechnische Entwicklung hat in der UDSSR in den letzten Jahrzehnten einen erheblichen Aufschwung genommen. Vor allem Berufs- und militärisch organisierte Feuerwehren sind material- und fahrzeugmäßig gut ausgerüstet, das Brandschutzpersonal untersteht strengen Ausbildungs- und Dienstvorschriften. Weniger gut sieht es mit der Ausrüstung der Kleinstadtwehren bzw. der Wehren auf dem Lande aus. Hier fehlen nicht zuletzt finanzielle Mittel und die Möglichkeiten zur Durchsetzung administrativer Maßnahmen zur Aufrechterhaltung und Förderung des Brandschutzes.

Feuerwehr-Einsatzfahrzeuge in der Sowjetunion unterliegen in aller Regel weitgehenden Normen. Selbst Großlösch- und Sonderfahrzeuge unterliegen einer Art „Baukasten-System'', das Fahrzeugausführungen in allen Varianten zuläßt.

Wie im Ansatz auch in der CSFR findet man in der UDSSR zum Teil schwere drei- und vierachsige Löschfahrzeuge geländegängiger Art, ausgerüstet mit Tank-, Geräte, Sonderlöschmittel- oder Sonderaufbauten sowie Kombinationsaufbauten. In das Fahrzeugangebot integriert sind auch geschützte Sonderfahrzeuge, Panzerfahrzeuge sowie Luft- und Wasserfahrzeuge.

Es erscheint selbstverständlich, daß eine Staatengemeinschaft wie die Sowjetunion über eine äußerst leistungsfähige Feuerwehrfahrzeug-Industrie verfügt, die nahezu den gesamten Bedarf an Fahrzeugen aller Größenordnungen, Einsatzkategorien und Funktionen produziert. Trotzdem finden sich auf den Wachen im Lande immer wieder Einsatzfahrzeuge von Herstellern aus der Bundesrepublik Deutschland, Österreich, Finnland oder Frankreich. Vor allem Gelenkmaste (GM) werden heute fast ausschließlich von der Firma Bronto in die UDSSR geliefert.

Feuerwehrfahrzeuge aus russischer Produktion werden zugleich exportiert in nahezu alle Staaten des Ostblocks, dazu auch nach Finnland oder an Bündnispartner anderer Kontinente.

Charakteristisch ist die optische Gestaltung russischer Feuerwehr-Einsatzfahrzeuge: rot (RAL 3000) mit weißem waagerechten Mittelstreifen, weißen Türen, zwei parallelen weißen Streifen auf der Frontkühlerhaube sowie Weißwandreifen. Die Schrift- und Zahlenkennung ist ebenfalls rot.

CSFR

Gelenkmast (GM). Aus nationaler CSFR-Produktion stammt dieses Gelenkmastfahrzeug mit der Bezeichnung PP 20-l mit einer auf 20 Meter ausfahrbaren Arbeitsbühne. Das Fahrzeug wurde aufgebaut auf einem Liaz-Fahrgestell. Der Rettungs- und Arbeitskorb ist mit einem Löschmonitor versehen.

Großtanklöschfahrzeug (GTLF). CAS 32 auf Tatra-Fahrgestell: das Fahrzeug aus CSFR-Produktion führt 8.200 Liter Löschwasser und 800 Liter Schaumlöschmittel mit. Dieser Fahrzeugtyp ist bei zahlreichen Werkfeuerwehren und bei den Flughafenwehren im Einsatz.

Drehleiter (DL 44) der BF. Prag. Die bundesdeutsche Firma Magirus lieferte mehrere DL 44 in die CSFR, hier eines dieser Fahrzeuge auf vierachsigem Tatra-Fahrgestell T 813. Der Leiterpark verfügt über eine Fahrstuhleinrichtung.

Die Feuerwehren in **Ungarn** unterscheiden sich hinsichtlich ihrer Organisation, Aufgabenstellung und Ausrüstung kaum von denen anderer Ostblockstaaten. Aufgrund der wirtschaftlichen Situation im Lande mußte man bisher eher von einem niedrigen Standard hinsichtlich der feuerwehrtechnischen Ausrüstung und der Ausstattung mit Einsatzfahrzeugen ausgehen.

Im Land selbst gibt es keine praktizierende Fahrzeugindustrie, die sich auf den Bereich von Feuerwehr-Einsatzfahrzeugen spezialisiert hat — sieht man einmal ab von der Firma Ikarus (Busse), die Löschfahrzeuge auf Czepel-Fahrgestellen in wenigen Exemplaren aufgebaut hat. Feuerwehrfahrzeuge werden daher eingeführt aus den anderen sozialistischen Staaten, in beschränktem Maße auch aus Jugoslawien oder Österreich.

Ungarische Feuerwehrfahrzeuge sind einheitlich rot (RAL 3000) lackiert.

In der Regel rein militärisch organisiert sind die Feuerwehren in **Rumänien.** Der gesamte Brandschutz wird vom Innenministerium des Staates organisiert, verwaltet und überwacht. Neben den Berufsfeuerwehren gibt es auf dem Lande freiwillige Einheiten, die jedoch der obersten Führung unterstehen. Trotz der militärischen Organisation des Brandschutzwesens rekrutiert sich das Brandschutzpersonal nicht selten aus dem zivilen Bereich oder aus Wehrpflichtigen, z.B. bei den Berufsfeuerwehren.

Derzeit weist die Statistik etwa 6.500 Feuerwehren mit einem Personalstand von rund 260—270.000 Mann aus.

Finanziert wird der vorbeugende und ausführende Brandschutz in Rumänien vom Staat, finanziell gefördert durch eine nationale Brandschutzversicherung.

In Rumänien hat ein wesentlicher politischer Umsturz stattgefunden. Seitdem ist davon auszugehen, daß sich Organisation, Struktur, Administration und letztendlich die praktische Tätigkeit rumänischer Feuerwehren wesentlich geändert hat bzw. im Begriff ist, sich neu zu organisieren.

Man wird abwarten müssen, wie sich die Entwicklung im Lande in den nächsten Monaten und Jahren gestaltet — Aussagen wie vorstehend zur Organisation und Ausstattung werden vermutlich schon bald revidiert werden müssen?!

Ausgeprochen wenige Informationen liegen auch aus Bulgarien vor. Im Wesentlichen gilt in Bezug auf Organisation und Ausrüstung Ähnliches wie in den anderen genannten Ostblockländern. Auffallend sind derzeit die im Rückblick auf die letzten Jahre bedeutenden Importe moderner Feuerwehr-Einsatzfahrzeuge ins Land, zum Großteil von der Firma Metz/BRD ausgeliefert.

Für die Feuerwehren in **Polen** ist ebenfalls das Staatliche Innenministerium oberste Genehmigungs- und Aufsichtsbehörde. Eine sogenannte „Hauptkommandantur der Feuerwehr'' mit unterschiedlichen Fachabteilungen bildet die durchführende Administration in der Praxis.

Die praktische Tätigkeit polnischer Feuerwehren und damit die Grundlage des polnischen Brandschutzes findet sich im Brandschutzgesetz aus dem Jahre 1975. Hier sind Aufgaben, Durchführungsbestimmungen und Kostenregelungen festgehalten.

Die regionalen Untergliederungen in der Organisation des polnischen Brandschutzwesens wirken von der zentralen Administration aus hinunter bis auf Kreis- und Stadtebene. Dort stehen Berufsfeuerwehren zivilen und zum Teil militärischen Charakters zur Durchführung von Brandschutzmaßnahmen zur Verfügung, unterstützt von Freiwilligen Feuerwehren auf dem Lande, in kleineren Gemeinden oder in Betrieben.

Insgesamt kann man davon ausgehen, daß Feuerwehren Polens von ihrer Struktur her militärisch geführt werden, zumindest was das taktische Vorgehen im Einsatz angeht.

Aufgrund der wirtschaftlichen Voraussetzungen im Staat muß auch im Brandschutzwesen ein nicht unbedeutender Abstrich gemacht werden: zwar sind Feuerwehren der Großstädte noch relativ gut ausgerüstet und mit Fahrzeugen ausgestattet, in kleineren Städten, Betrieben, Dörfern bzw. auf dem Lande allgemein läßt die Ausrüstung zu wünschen übrig. Behelfsmäßige Einsatzfahrzeuge, fehlende oder unbrauchbare feuerwehrtechnische Ausstattung oder manches Mal einfach der Mangel an Treibstoff lassen dort Brandschutz zu einem Glücksspiel werden.

Polen hat eine eigene Feuerwehrfahrzeug-Industrie, die einen wesentlichen Teil des Bedarfes im Staat abdeckt. Star- und Jelzc-Typen sind vor allem im Bereich der Löschfahrzeuge zu finden, russische Produktionen bestimmen nicht selten den Sonderfahrzeugbereich. Zunehmend führt die Volksrepublik aber auch Löschfahrzeuge, Drehleitern und Sonderfahrzeuge aus der Bundesrepublik Deutschland (z.B. Magirus, Metz), aus Österreich (Rosenbauer) oder aus skandinavischen Ländern ein. Diese Fahrzeuge sind vor allem auf den Berufsfeuerwachen der Großstädte zu finden.

Polnische Feuerwehrfahrzeuge sind in aller Regel rot (RAL 3000) und zur Zuordnung mit einem Zahlencode an den Fahrerhaustüren bzw. am Aufbau versehen. Der typische Einsatzleitwagen bzw. Die Führungsfahrzeuge kleinerer Kathegorie (z.B. „Polski-Fiat'') sind weiß oder elfenbeinfarben lackiert und mit rotem Mittelstreifen versehen. Importfahrzeuge aus anderen Ostblockstaaten führen oft die dortige rot-weiß-Farbgebung.

Für nahezu alle Länder des Ostblockbereichs gilt abschließend das, was über die DDR gesagt und bei den Länderbeschreibungen angedeutet wurde: die politische Situation vollzieht auch im Brandschutzwesen einen durchgreifenden Wandel. Aussagen, die heute noch stimmig sind, werden morgen nicht mehr haltbar sein. Möglichkeiten gegenseitiger Kontakte werden genutzt werden können, die Zeiten der „Geheimniskrämerei'' werden vorbei sein.

Damit werden letztendlich auch die Feuerwehren der Ostblockstaaten integriert sein in das gemeinsame Netz des Brandschutzes in Europa — eine unerwartete Entwicklung, die bei der grundsätzlichen Konzeption dieses Buches noch nicht absehbar war.

Tanklöschfahrzeug (TLF). Das Standard-Löschfahrzeug der CSFR-Feuerwehren — der CAS 25 mit 2.500-Liter-Löschwassertank und 400 Litern Schaummitteln. Das Fahrzeug ist mit einem Werfer im hinteren Teil des Aufbaus ausgestattet.

Tanklöschfahrzeug (TLF). Die neuere Version des CAS 25 auf Liaz-Fahrgestell und mit einem Aufbau der Firma Karosa. Interessant das große, vorgebaute Blaulicht!

Drehleiter (DL 30). Dieses Drehleiterfahrzeug auf IFA-Fahrgestell und mit einem 30-Meter-Leiterpark stammt aus DDR-Produktion: in der CSFR sind zahlreiche Fahrzeuge dieser Art im Einsatz.

Vorausrüstwagen (VRW/VGW). Eine kleine Besonderheit aus der CSFR: ein Lada-Niva als Vorausfahrzeug für technische Hilfeleistung. Das Fahrzeug wird — ähnlich dem bundesdeutschen VRW — bei Verkehrsunfällen eingesetzt.

Schaumlöschfahrzeug (SLF/LA). Die österreichische Firma Rosenbauer konnte in den letzten Jahren zahlreiche Sonderlöschfahrzeuge in die CSFR liefern: hier ein Schaumlöschfahrzeug mit Löscharm des Typs LA 320 auf Tatra-815-Fahrgestell.

Kleinlöschfahrzeug (KLF) — CSFR. Standardfahrzeug kleiner Feuerwehren in der CSFR ist das TAZ S 1200 mit einer feuerwehrtechnischen Mindestausstattung.

Löschfahrzeug (LF) — CSFR. Löschfahrzeug mittlerer Größenordnung mit einer in den Fahrzeugaufbau integrierten Mannschaftskabine (Typ A 31 von Avia).

Schaumlöschfahrzeug (SLF/LA) — CSFR. Tatra 815 — vergleiche auch unser Foto auf Seite 179.

Blick auf den Fuhrpark der Feuerwehrschule Leningrad: vom ELW über das TLF bis hin zum Bronto-Gelenkmast sind alle gängigen Fahrzeugtypen vertreten.

UDSSR

Gelenkmast (GM). Bronto-Skylift einer russischen Berufsfeuerwehr auf Kamaj-Dreiachs-Fahrgestell.

Tanklöschfahrzeug (TLF) Standard-TLF der UDSSR auf ZIL-130-Fahrgestell mit 2.350 l Wasser und 165 l Schaumlöschmittel; Besatzung 1 : 7 Mann.

Drehleiter (DL 52) der BF. Moskau. Ein interessanter „Oldtimer'' aus dem Archiv des Herstellers Metz, Karlsruhe: das schwere Drehleiterfahrzeug mit Vorbaupumpe wurde im Mai 1968 in die russische Hauptstadt geliefert, aufgebaut auf ein Mercedes-Benz-Fahrgestell 1920.

Rüstlöschfahrzeug (TLF-R). Gesehen bei einer internationalen Feuerwehr-Ausstellung: geländegängiges Tanklöschfahrzeug mit Vatrosprem-Aufbau und Dachmonitor; jugoslawische TAM-Fahrzeuge, die auch für den Markt in der UDSSR angeboten werden.

Drehleiter (DL 60) der BF. Moskau. Noch einmal ein Blick in das Metz-Archiv — und noch ein wenig höher hinaus: bereits im Januar 1969 wurde eine 60-Meter-Drehleiter an die BF. Moskau geliefert, aufgebaut vom Metz in Karlsruhe auf ein Kaelble-Fahrgestell. Sicherlich ein interessantes „Unikum'' in der Feuerwehrgeschichte?!

Tanklöschfahrzeug (TLF 7600). Auch dieses Fahrzeug entstand in einer Kooperation der österreichischen Firma Rosenbauer mit der russischen Firma Pozhmashina, 6.900 Liter Löschwasser, R 280-FLP, Lichtmast 4x1000 Watt/5 kVA-Generator.

Tanklöschfahrzeug (TLF 32). Tatra T 815 mit 8.200 Liter Löschwasser, 2x400 Liter Schaumlöschmittel, Aufbau der Firma Karosa. Auf unserem Foto wird das Fahrzeug für den jugoslawischen Markt von der Firma Autoimpex angeboten.

UNGARN

Löschfahrzeug (LF). Standard-Löschfahrzeug ungarischer Feuerwehren auf Czepel-D 420-Fahrgestell.

Einsatzleitwagen (ELW) der FF. Trzic

Tragkraftspritzenfahrzeug (TSF) der FF. Zsambek. ZUK/FSC-TSF aus polnischer Produktion. Bis zur Indienststellung eines gebrauchten TSF aus der Bundesrepublik Deutschland war dies das einzige Einsatzfahrzeug der Feuerwehr in einem Gebiet mit rund 6.000 Einwohnern.

Schaumlöschfahrzeug (SLF) der BF. Budapest. Ungarn verfügt über keinen eigenen Feuerwehr-Fahrzeughersteller, weshalb alle Einheiten — wie zum Beispiel das hier abgebildete Schaumlöschfahrzeug auf Magirus — importiert werden müssen.

Gerätewagen (GW) der BF. Budapest. Einsatzfahrzeug sowjetischer Bauart, stationiert bei der Berufsfeuerwehr der Landeshauptstadt.

Universallöschfahrzeug (TroTLF) der BF. Budapest. Csepel-750 mit 2.000-Liter-Löschwassertank, 500 Liter Schaumlöschmittel und 200 kg Pulver.

Tanklöschfahrzeug (TLF) der BF. Budapest. Löschfahrzeug „TÜ-3" auf Raba/MAN-Fahrgestell mit einem 6.000-Liter-Löschwassertank, 600 Liter Schaumlöschmittel und einer Feuerlöschpumpe mit einer Leistung von 3.800 l/min..

Pulverlöschfahrzeug (TroTLF) der BF. Budapest. 6.000 kg Löschpulver führt dieses Fahrzeug auf Raba/MAN-Fahrgestell mit sich, dazu einen 6.000-Liter-Löschwassertank und eine Feuerlöschpumpe mit einer Leistung von 4.500 l/min..

Tanklöschfahrzeug (TLF) BF. Budapest. Löschfahrzeug „TÜ-4" (vergleiche Foto oben), ebenfalls mit 6.000 Liter Löschwasser und einer Pumpenleistung von 4.500 l/min..

Löschgruppenfahrzeug (LF 8) der FF. Zsambek. Ein Ziegler-LF 8-TS aus dem Jahre 1966 unter der Rubrik Ungarn? Des Rätsel's Lösung: die Gemeinde Krofdorf-Gleiberg in der Bundesrepublik Deutschland gab das Fahrzeug — hier noch vor der Umbeschriftung — an die FF. Zsambek ab.

Tanklöschfahrzeug (TLF) der WF. Ikarus. Auch Feuerwehr-Einsatzfahrzeuge aus DDR-Produktion sind in Ungarn im Einsatz: hier ein TLF auf IFA-W 50 LA der Werkfeuerwehr der Firma Ikarus.

Tanklöschfahrzeug (TLF) der BF. Budapest. Auch bei der Berufsfeuerwehr Budapest stehen DDR-Löschfahrzeuge im Einsatz: hier ein TLF auf IFA W 50 älteren Bauart.

Universallöschfahrzeug (TroTLF/ULF). Die österreichische Firma Rosenbauer lieferte immer wieder Sonderfahrzeuge unterschiedlichster Funktion in die Ostblockstaaten. Hier ein Universallöschfahrzeug (ULF 3000/4500) auf Tatra 148 PPR mit 2.000-Liter-Löschwassertank, 2.500-Liter-Schaummitteltank und 3.000 kg Löschpulver.

RUMÄNIEN/ BULGARIEN

Schaumlöschfahrzeug (SLF). Ebenfalls von Rosenbauer wurden Löschfahrzeuge der abgebildeten Art auf Tatra 813 (8x8) in die CSFR, nach Polen und nach Bulgarien geliefert. Das abgebildete SLF 18.000 verfügt über einen 6.000-Liter-Löschwassertank, einen Schaummitteltank von 12.000 Liter, einer Rosenbauer-Feuerlöschpumpe R 480 und einen RM 50-Monitor. Die Pumpe weist eine Leistung von 4.200 l/min. bei 10 bar und 3.200 l/min. bei 12 bar auf, der Werfer 3.200 l/min. bei 10 bar und einer Reichweite von maximal 60 Meter.

Trockentanklöschfahrzeug (TroTLF). Tatra T 815 mit Aufbau der bundesdeutschen Firma Metz. Das Fahrzeug wurde 1986 an eine bulgarische Feuerwehr geliefert.

Tanklöschfahrzeug (TLF 8-S). Ebenfalls von Metz in Karlsruhe wurde dieses Tanklöschfahrzeug auf Mercedes-Benz-Unimog 1300 nach Bulgarien geliefert.

Trockentanklöschfahrzeug (TroTLF). Vergleichbar mit dem o.g. Fahrzeug: der dritte Typ des an die bulgarische Feuerwehr ausgelieferten Löschfahrzeuges — hier auf Mercedes-Benz 2628.

POLEN

Dampfspritze
Daß es auch in Polen hervorragend restaurierte und zugleich höchst interessante „Oldtimer"-Feuerwehrfahrzeuge gibt, mögen die folgenden drei Fotos aus der Volksrepublik beweisen, mit denen wir in die Auswahl an Fahrzeugen der polnischen Feuerwehren einsteigen wollen.
Man sieht dieserart Fahrzeuge im Lande selbst nur selten, Ausstellungen oder Präsentationen in der Öffentlichkeit oder in Feuerwehrmuseen gibt es nicht sehr häufig. So muß man ein wenig Glück haben, auf Besuchen im Lande polnische Feuerlöschfahrzeuge des 18. und 19. Jahrhunderts fotografieren zu können.
Hier zunächst eine Dampfspritze aus dem Jahre 1884. Das Fahrzeug wurde mit der Beschreibung „Bosch" und „Maszyna Parowa, Prod. Niemiekiej" versehen.

Pferdespritze. Ehemals pferdegezogene Handdruckspritze der polnischen Feuerwehr, heute hervorragend restauriert und bewahrt. Näheres über das Fahrzeug ist nicht bekannt.

Tanklöschfahrzeug (TLF) der BF. Warschau
Aus dem Jahre 1919 stammt dieses Tank-Löschfahrzeug, das einst im Bereich der polnischen Hauptstadt Warschau im Einsatz stand. Das Fahrzeug, dessen Typenbezeichnung „Service" lautet, ist recht gut erhalten. Es war früher zusätzlich mit einer Leiter ausgerüstet. Von Interesse ist sicherlich das Rotlicht an der Dachfront (ein Vorgänger unseres heutigen „Blaulichtes"), zum andern die mitgeführte Fahrzeugfackel an der linken Seite hinter dem Fahrzeugaufbau.

Einsatzleit- und Führungsfahrzeug (ELW/FÜF). Die Feuerwehren Polens, vor allem die Berufsfeuerwehren, sind mit zahlreichen Personenwagen ausgerüstet, die weitgehend in elfenbein bzw. in weiß lackiert sind, dazu sind sie mit einem roten Mittelstreifen versehen. Die Fahrzeuge tragen die Bezeichnung STRAZ (Feuerwehr) und dienen sowohl als Einsatzleitwagen als auch als Führungs- oder Dienstfahrzeuge. Vor allem im Großstadtbereich werden sie nicht selten aushilfsweise auch als Krankentransportfahrzeuge eingesetzt.
Die Einsatzleitwagen sind mit Sprechfunk sowie mit Kommandolautsprecher ausgerüstet. In der Regel handelt es sich um Pkw polnischer Eigenproduktion (am bekanntesten ist der sogenannte „Polski-Fiat").

Einsatzleit- und Führungsfahrzeug (ELW/FÜF). Fahrzeuge dieser Art (s.o.) stehen sowohl als Limousine wie auch in Caravan-Ausführung (Mehrzweckfahrzeug) zur Verfügung.

Einsatzleit- und Führungsfahrzeug (ELW/FÜF). Moderne Führungsfahrzeuge, hier ein „Polonez" aus polnischer Produktion, dienen vor allem als Führungsfahrzeuge für Feuerwehr-Offiziere.

Einsatzleit- und Führungsfahrzeug (ELW/FÜF). Ein Fahrzeug mit gleicher Bestimmung und gleichen Typs wie vorstehend — jedoch in roter Feuerwehr-Lackierung, in Polen eher selten anzutreffen!

Kleinrüstwagen (KRW/LSRT). Zahlreiche Fahrzeugtypen auf ZUK A-14-Fahrgestellen stehen bei polnischen Feuerwehren zu den unterschiedlichsten Einsatzzwecken zur Verfügung. Die folgenden Fotos zeigen die wichtigsten dieser Fahrzeuge. Hier ein Kleinrüstwagen mit feuerwehrtechnischer Grundausstattung für den Ersteinsatz bei Verkehrsunfällen oder im Hilfeleistungsbereich.

Kommandofahrzeug (KdoW). ZUK-Kommandofahrzeug mit mechanisch ausfahrbarem Funkmast. Fahrzeuge dieser Art sind in der Regel ausgerüstet mit einem stationären Funksprechgerät sowie mit zwei oder mehr Handfunksprechgeräten. Die Inneneinrichtung ist relativ einfach (Schreibtisch, Materialschrank). Der Funkmast kann auf 5—7 Meter ausgefahren werden.

Kommandofahrzeug (KdoW). Ein ähnliches Fahrzeug wie vorstehend. Es wird als zentrale Anlaufstelle auch bei größerem Schadensereignissen genutzt. Auffallend die weiß-rote Farbkennung, die zwei großen Lautsprecher auf dem Fahrzeugdach sowie die „üppige'' Bestückung mit Blaulichtern.

Geräte- und Mehrzweckwagen (GW/MZW). Ebenfalls ein ZUK A-14 — hier in Kastenwagen-Ausführung. Ein solches Fahrzeug wird zu Transportaufgaben unterschiedlichster Art herangezogen, es kann aber auch mit einer festen Beladung versehen werden und damit zweckgebunden als Gerätewagen oder als Sonderfahrzeug (z.B. für Hochhaus-Rettung) eingetzt werden.

Funk- und Fernmeldefahrzeug der BF. Warschau. Kommandowagen (KdoW) sowie Funk- und Fernmeldestelle bei Großschadensfällen, Großveranstaltungen. Es entspricht im Hinblick auf seine fernmelde- und funktechnische Ausrüstung dem in der Bundesrepublik Deutschland bekannten Einsatzleitwagen (ELW 1).

Kleinlöschfahrzeug (KLF/GLM). Typisches Kleinlöschfahrzeug für die Freiwilligen Feuerwehren Polens. Das Fahrzeug vom Typ ZUK A-151, vorgesehen für eine Besatzung von vier Personen, ist ausgestattet mit einer Tragkraftspritze 8/8 (Leistung 800 l/min. bei 8 bar) sowie mit 200 Meter Schlauchmaterial.

Kleinlöschfahrzeug (KLF/GLBAP). Ebenfalls ein Kleinlöschfahrzeug auf ZUK A-151 (wie vorstehend), jedoch ausgerüstet mit einem 400-Liter-Löschwassertank.

Gerätewagen (GW-A/SL P.GAZ). ZUK-Kastenwagen vom Typ A 06 M mit Geräteausrüstung für den Einsatz unter Atem- und Körperschutz. Fahrzeuge dieser Art sind unterschiedlich bestückt, können aber die Ausrüstung für bie zu acht Personen mitführen. Als Besatzung sind für den Gerätewagen-Atemschutz aber nur zwei Personen vorgesehen.

Beleuchtungsfahrzeug. Sonderfahrzeug auf ZUK A-151 neuester Produktion: der auf etwa fünf Meter ausfahrbare Mast trägt sechs Flutlichtscheinwerfer à 1.000 Watt, kann jedoch mit weiteren Beleuchtungsgeräten aus der Beladung des Fahrzeugs versehen werden.

Tanklöschfahrzeug (TLF). STAR-Tanklöschfahrzeug polnischer Produktion mit eher untypischen Aufbau. Der sehr niedrige Tankaufbau faßt eine Löschwassermenge von 2.500 Liter. In den Aufbau ist ein Mannschaftsraum für vier Personen integriert.

Tanklöschfahrzeug (TLF/GBA 2,5/16). Typisch polnisches Tanklöschfahrzeug mittlerer Größenordnung (Typ 005) auf STAR 244-Fahrgestell. Das Fahrzeug ist für eine Besatzung von 1+5 Personen vorgesehen, wobei Fahrerhaus und Mannschaftsraum baulich getrennt sind. Der mitgeführte Löschwassertank faßt 2.500 Liter, die Feuerlöschpumpe leistet 1.600 l/min. Interessant vielleicht die im Titel genannte Buchstabenkombination, die das Fahrzeug beschreibt: der Buchstabe „G'' unterscheidet Löschfahrzeuge von anderen Feuerwehrfahrzeugen, der Buchstabe „B'' weist auf einen mitgeführten Löschwassertank hin, „A'' steht für eine eingebaute Feuerlöschkreiselpumpe. Die Zahlenkombination gibt Löschwasservorrat und Pumpenleistung an. Auch andere Feuerwehrfahrzeuge Polens sind anhand ihrer Buchstabenkombination zu identifizieren: Angaben stehen jeweils hinter der möglichen deutschen Fahrzeugbezeichnung.

Tanklöschfahrzeug (TLF/GMB 2/5/8). Modernes Tanklöschfahrzeug vom Typ 008 auf STAR 29/200-Fahrgestell. Auch dieses Fahrzeug ist mit einem 2.500-Liter-Löschwassertank ausgerüstet, die Pumpe leistet 800 l/min.. Zusätzlich führt das TLF Schaumlöschmittel mit.

„Tank-Löschfahrzeug'' (!). „Tank-Löschfahrzeug'' einer Freiwilligen Feuerwehr im Außenbereich der polnischen Hauptstadt Warschau: die hier gezeigten Fahrzeuge (Aufnahmen 1989!) sind der ganze Stolz der Dorf-Feuerwehr. Die „Tank''-Fahrzeuge stehen gefüllt und einsatzbereit vor der Feuerwehrunterkunft.

Pulverlöschfahrzeug (PLF/GP 3000). Jelcz 325 mit Pulverlöschmittel-Tank (Fassungsvermögen 3.000 kg). Das Fahrzeug rückt mit einer Besatzung von drei Personen aus.

CO_2-Löschfahrzeug. Industrie-Löschfahrzeug mit einem 5,5 cbm CO_2 fassenden Tank auf Jelcz 325-Fahrgestell. Sonderfahrzeuge dieser Art und Ausstattung sind in der Volksrepublik Polen nicht sehr häufig bei den Feuerwehren anzutreffen, bei „normalen'' Besuchen wird man sie in der Regel erst gar nicht zu Gesicht bekommen.

Trockentanklöschfahrzeug (TroTLF) der BF. Warschau. Sonderfahrzeug großer Berufsfeuerwehren auf Jelcz 325-Fahrgestell mit 3.000 kg-Pulvertank und einem 1.500-Liter-Löschwassertank.

Großtank-Löschfahrzeug (GTLF/ASP 18.) Jelcz 417 K-Zugmaschine mit Sattelauflieger: Feuerlöschpumpe 8/8. Besatzung vier Personen. Der Tanksattelzug wird vor allem bei Großbränden als Wasserzubringer-Fahrzeug eingesetzt.

Großtanklöschfahrzeug (GTLF/GCBA) der BF. Warschau. Modernes Großtanklöschfahrzeug aus CSFR-Produktion auf Tatra mit Karosa-Aufbau. Solche Fahrzeuge sind in den letzten Jahren von polnischen Berufsfeuerwehren beschafft worden und stehen heute auf nahezu jeder Großstadtwache.

Großtanklöschfahrzeug (GTLF/GCBA) der BF. Warschau. Import-Feuerwehrfahrzeuge der unterschiedlichsten Hersteller finden man in der Volksrepublik Polen vor allem im Bereich der Großtanklöschfahrzeuge, der Industrie- und Sonderlöschfahrzeuge und der Hubrettungsfahrzeuge relativ häufig. Ein Teil der folgenden Bilder stellt solche Fahrzeuge der österreichischen Firma Rosenbauer und der bundesdeutschen Firma Metz vor.
Hier ein österreichisches Steyr-Löschfahrzeug mit einem Aufbau der Firma Rosenbauer. Das Großtanklöschfahrzeug führt einen 9.000-Liter-Löschwassertank mit, dazu ist es mit 4.000 Liter Schaumlöschmittel ausgerüstet. Die eingebaute Feuerlöschpumpe leistet 4.800 l/min. bei 10 bar. Intern wird das Fahrzeug mit „GCBA 9/48'' bezeichnet.

Schaumlöschfahrzeug (SLF/GCBA 6/32). Ein für polnische Feuerwehren typisches Einsatzfahrzeug älterer Produktion auf Jelcz-Fahrzgestell, ausgestattet mit 6.000 Liter Löschwasser und 4.000 Liter Schaummittel.

Schlauchwagen (SW) der BF. Warschau. Hochgeländegängiger STAR-Lastkraftwagen mit Pritschenaufbau, der zur Aufnahme von 5.000 Meter Druckschlauch dient. Das Schlauchmaterial ist lose auf dem Fahrzeug verlastet und wird bei Bedarf in den entsprechenden Mengen abgeworfen.

Lastkraftwagen (LKW) der BF. Warschau. Jelcz-Lkw als Transportfahrzeug — hier für Schaummittelkanister.

Tanklöschfahrzeug (TLF 2000/200). Hier nun ein weiteres Importfahrzeug der Volksrepublik für die Feuerwehren Polens: ein TLF 2000/200 auf Steyr 9 S 14-Fahrgestell, vorgesehen für eine Besatzung von 1+5 Personen. Das Fahrzeug ist ausgerüstet mit einem 2.000-Liter-Löschwassertank, 200 Liter Schaummittel sowie mit einer Feuerlöschpumpe FP 8/8 und HP 2/40. Die Leistung beträgt 1.800 l/min. bei 8 bar und 200 l/min. bei 40 bar — der Werfer leistet 1.600 l/min..

Tanklöschfahrzeug (TLF 9000/4000). Ebenfalls ein Steyr-Fahrzeug, das — wie auch das vorstehende Fahrzeug — von der bundesdeutschen Firma Metz nach Polen ausgeliefert wurde. Die oben genannte Bezeichnung gibt die mitgeführte Menge an Löschmitteln an: 9.000 Liter Löschwasser und 4.000 Liter Schaummittel. Das Fahrzeug ist mit einer Feuerlöschpumpe FP 60/8 ausgestattet, der Werfer leistet 2.400 l/min.

Trockentanklöschfahrzeug (TroTLF 750/2000/400). Noch einmal ein Metz-Einsatzfahrzeug für Polen: Steyr 791.210 mit 750 kg Löschpulver, einem 2.000-Liter-Löschwassertank und 400 Liter Schaummittel (FP 16/8 und 2/40).

Kommandowagen (KdoW) der BF. Warschau Geländegängiges STAR-Befehlsfahrzeug auf Dreiachsfahrgestell. Das Fahrzeug wird bei Großschadensfällen und bei Veranstaltungen größeren Ausmaßes als Einsatzzentrale eingesetzt — es ist ausgerüstet mit einem hydraulischen Funkmast, Funk- und Fernmeldegeräten sowie mit einer akustistischen Rundsprechanlage. Die Fahrzeugbesatzung besteht regulär aus drei Personen, die jedoch vor Ort bedarfhalber aufgestockt werden kann. Auffallend sind die schutzvergitterten Fenster des Kommandoaufbaues — angelegt nach militärischen Sicherheitsvorgaben. Von seiner Funktion her ist das Fahrzeug mit dem deutschen Einsatzleitwagen (ELW 3) vergleichbar.

Gerätewagen (GW-G). Unser Foto zeigt einen Gerätewagen-Gefahrgut, gefertigt und ausgeliefert von der deutschen Firma Metz, Karlsruhe. Es handelt sich hier um ein Fahrzeug nach DIN.

Gerätewagen (GW-G/U) der BF. Breslau. In Kooperation mit dem Aufbauhersteller Schmitz lieferte die Firma Metz im Oktober 1987 einen Gerätewagen-Gefahrgut/Umweltschutz einschließlich Ölsperren-Anhänger nach Breslau. Das auf Jelcz-Fahrgestell aufgebaute Fahrzeug beinhaltet eine komplette feuerwehrtechnische Ausrüstung für den Gefahrgut- und Umweltschutzeinsatz. Die zwei auf dem Anhänger verlasteten Trommeln fassen insgesamt 200 Meter Ölsperre. Der Gerätewagen wurde erstmals auf der Interschutz '88 der Öffentlichkeit und dem Fachpublikum präsentiert.

▽

Kranwagen (KW 45). Schweres Kran- und Bergungsfahrzeug auf Famaba-Fahrgestell (Aufbau Kooperation PRJ/CCCP) mit einer Leistung von 45 Tonnen. Die Motorleistung des Fahrzeugs aus dem Jahre 1988 beträgt ca. 500 PS.

Drehleiter (DLK 30) der BF. Warschau
Ebenfalls ein deutsches Exportfahrzeug von Magirus für die polnische Feuerwehr: eine auch bei deutschen Feuerwehren häufig genutzte Standarddrehleiter mit 30-Meter-Leiterpark und Arbeit- bzw. Rettungskorb.

Drehleiter (DLK 30) der BF. Warschau.
Ein weiteres Drehleiterfahrzeug von Magirus: DLK mit Truppfahrerhaus auf Magirus-Deutz 170.

Drehleiter (DLK 30) der BF. Warschau
Unser drittes Beispiel aus Warschau zeigt eine Kooperation zwischen Iveco-Magirus/Deutschland und der Firma Jelcz/Polen: auf Jelcz 425-Fahrgestell wurde der 30-Meter-Leiterpark gesetzt.
Dieses Fahrzeug gilt bei polnischen Feuerwehren als typisches und häufig anzutreffendes Hubrettungsfahrzeug.

Drehleiter (DL 37). Metz-Drehleiter aus Jelcz-Fahrgestell: im Dezember 1986 wurde dieses 37-Meter-Leiterfahrzeug von Karlsruhe in die Volksrepublik Polen ausgeliefert.

Gelenkmast (GM). Leichtes Hubrettungsfahrzeug auf STAR-Fahrgestell mit einer erreichbaren Arbeitshöhe von 18 Metern. Der Arbeits- und Rettungskorb ist maximal auf 200 kg (drei Personen) belastbar.

Mannschaftstransportwagen (MTW). Unsere letzten sieben Fotos zeigen eine Auswahl der bei polnischen Feuerwehren zahlreich vorhandenen Mannschaftsfahrzeuge und Busse. Diese oftmals mit ziviler Lackierung versehen Fahrzeuge mit 8 bis 45 Plätze dienen den unterschiedlichsten Transportaufgaben. Die wenigsten Busse sind dabei in feuerwehrrot lackiert und mit Blaulichtern versehen — oftmals erkennt man die Zugehörigkeit der Feuerwehr-Busse nur an der Aufschrift „STRAZ'' bzw. an der aufgebrachten „Helmgrafik''. Trotzdem erscheinen diese Fahrzeuge interessant, wenn man sich mit Einsatzfahrzeugen der polnischen Feuerwehr beschäftigt. Hier ein Zastava 522 als Kleinbus mit einem Platzangebot von 6-8 Plätzen.

Mannschaftstransportwagen (MTW).

Mannschaftstransportwagen (MTW/Bus). Jelcz-Feuerwehrbus mittlerer Größenordnung mit feuerwehrtypischer Ausstattung (feuerwehrrote Lackierung, Blaulichter, Beschriftung „Straz'').

Mannschaftstransportwagen (MTW/Bus)
Nachfolgend einige zum Teil recht moderne Mannschaftsbusse polnischer Feuerwehren, die zumeist auf Jelcz-Fahrgestellen aufgebaut sind. Die Fahrzeuge sind auf Kreisebene organisiert und stehen für Mannschaftstransporte jeder Art zur Verfügung. Die Lackierung der Fahrzeuge ist vom Design her eher den Reisebussen angepaßt, beschränkt sich aber weitgehend auf die Farben elfenbein, rot und orange. Die Fahrzeuge sind mit Feuerwehrbeschriftung und -emblem versehen.

Mannschaftstransportwagen (MTW/Bus)

Mannschaftstransportwagen (MTW/Bus)

Mannschaftstransportwagen (MTW/Bus)

...an die Herstellerfirmen

...an die Feuerwehren

...an die Funktionäre

...und an die Feuerwehrkameraden

„Ein Dankeschön''

Dieses letzte Kapitel soll ein Dank sein an alle, die bei der Erstellung dieses Buches ihre Unterstützung nicht versagt haben — die sich nach Kräften und zum Teil mit sehr viel Engagement und persönlichem Einsatz um diese Sache bemüht haben.

Ohne die Mithilfe der nachstehend genannten Personen und Institutionen wäre ein solches Fachbuch wie dieses nicht entstanden!

Herzlichen Dank den Firmen Metz, Brändle, Rosenbauer, Schlingmann, Iveco-Magirus, Fulton&Wylie, Kirsten, Saval-Kronenburg, Sisu, BMW, Meiller, Miesen, Ford, Opel, Ehrsam, Daimler-Benz, MAN, Ziegler, GFT — den Feuerwehrverbänden aus den neuen Bundesländern, der Schweiz, aus Österreich, Portugal, Frankreich — und den CTIF-Mitgliedern, die mir entsprechende Informationen zukommen ließen — den Feuerwehren aus Bruneck, Brixen, Bozen, Straßbourg, St. Gallen, Frauenfeld, Vaduz, Steffisburg, Bern, Basel, 's-Gravenhage/Den Haag, Brüssel, Linz, Bischofshofen, St. Johann/Pongau, Direction Generale des Service Departementaux Nantes, Meran, Stockholm — sowie allen anderen Feuerwehren, die in irgendeiner Form zur Mitwirkung an diesem Buch bereit waren.

Es tut gut, „Dankeschön" sagen zu können, wird einem doch dadurch noch einmal die wertvolle Hilfe Anderer bewußt, die für dieses Buch unverzichtbar gewesen war.

Mein besonderer Dank gilt allen Journalistenkollegen, Fotografen und Feuerwehrfreunden, die nachstehend genannt sind (in Klammern die zu diesem Buch beigesteuerte Anzahl der Fotos) — und ich hoffe sehr, daß ich in dieser Aufzählung niemanden vergessen habe: es täte mir leid und es geschähe sicher nicht mit Absicht!

Fachfotograf Serge Amores (25), Brüssel/Belgien — Mikael Hojgaard (52), Kopenhagen/Dänemark — Norbert Ziegeler (2), Oslo/Norwegen — Hans-Joachim Bielke (42), Rodgau/Deutschland — Werner Roth (9), Feucht/Deutschland — Manfred Peter (23), Wien/Österreich — Rainer Blank (3), Köln/Deutschland — Rainer Gliss (7) Köln/Deutschland — Michael Hase (22), Regensburg/Deutschland — Metin Aslan (3), Salzgitter/Deutschland — E. Vettermann (1), Heßheim/Deutschland — K. Hartung (1) — Cotte Georges (9) und Claude Chabeau — Helmut Raab/efb-Verlag (28) — BF. Stockholm (15) — BF. 's-Gravenhage/Den Haag (10) — BF. Brüssel (7) — BF. Bern (3) — Dir. Gen. des Serv. Dep./Major Schmauch (6), Nantes/Frankreich — Erik Ahlander/Stat. Brandinsp. (4), Norwegen — Firmen Metz (21), Karlsruhe/Deutschland — Rosenbauer (12), Linz (Österreich — Saval-Kronenburg (1)-Opel (2) — Meiller (1) — Brändle (7), Wil/Schweiz — Cellar (1) — Bronto Saurus (2), Finnland — Ford (2) — Ziegler (4) — Geisselmann-Fahrzeug-Technik/GFT (2) — Iveco-Magirus (3) — MAN (1) — Kirsten (1)

Herzlichen Dank ganz besonders Herrn Coll. Robert Dollinger, Straßbourg, für sein Vorwort zu diesem Buch.